双电源切换设备原理与应用

主　编　贾东强

副主编　杨志东　代贵生　冯海全　陈泽西

参　编　丁建武　李明春　李　彬　王兴越

王云鹏　赵　钰　宋　可　孙永文

冯吉圣　刘　琦

内 容 提 要

本书从技术背景、技术原理、重点应用、应急处置、典型案例等角度，形成一本结合基础理论和实际应用的完整教材，突出“理论性、实用性、完整性”，为技术人员熟悉双电源切换装备的运行维护工作提供理论素材，从而进一步支撑重要场所的优质供电任务。

全书共 5 章，主要内容包括电能质量领域基本概念与重要场所双电源切换技术的应用背景、双电源切换技术原理、设备验收与专项评估、现场应急处置方案以及典型应用案例。全书内容丰富，系统完整，注重基本理论、基本方法与实际运行相融合，通过大量实例、图表、数据，支撑本书论点。

本书可作为电力从业人员提高供电质量认知以及双电源切换技术的学习教材，为从事电力工程领域工作的相关技术人员提供参考。

图书在版编目（CIP）数据

双电源切换设备原理与应用/贾东强主编. —北京：中国电力出版社，2022.2
ISBN 978-7-5198-6819-2

Ⅰ. ①双… Ⅱ. ①贾… Ⅲ. ①电源–切换开关 Ⅳ. ①TM564.8

中国版本图书馆 CIP 数据核字（2022）第 097671 号

出版发行：中国电力出版社
地　　址：北京市东城区北京站西街 19 号（邮政编码 100005）
网　　址：http://www.cepp.sgcc.com.cn
责任编辑：张　旻（010-63412536）
责任校对：黄　蓓　马　宁
装帧设计：赵姗姗
责任印制：吴　迪

印　　刷：北京天泽润科贸有限公司
版　　次：2022 年 2 月第一版
印　　次：2022 年 2 月北京第一次印刷
开　　本：787 毫米×1092 毫米　16 开本
印　　张：6
字　　数：121 千字
定　　价：30.00 元

前言

随着我国各种高端装备、精密仪器等负荷类型的日益增多，对供电质量要求也越发严格，尤其是涉及某些重要的室内、室外等场所的特种供电，这势必要求对相关重要场所负荷进行分类定级，并开展分级供电工作。双电源切换技术是提高低压供电可靠性，保障重要场所末端电能质量、实现重要活动临电负荷高品质供电的重要手段，也是面向新型电力系统应用场景下常态化重要负荷保供电的重要基础技术之一。为便于技术人员进一步熟悉双电源切换装备的运行维护内容，亟须出版一本系统介绍双电源切换基本原理与工程应用的专著。

本书共 5 章，第 1 章简要介绍电能质量领域基本概念与重要场所双电源切换技术的应用背景，第 2 章论述双电源切换设备的原理、拓扑、控制等内容，第 3 章介绍双电源切换设备的调试验收与专项评估内容，第 4 章介绍了重要场所双电源切换设备的应急处置方案，第 5 章介绍了重要场所双电源切换设备的典型应用案例。整书撰写秉承理论与实践相结合的理念，紧密围绕一线运行保障人员对装备的实操性，旨在让读者在学习双电源切换技术理论的基础上，掌握实用的重要场所电力保障技术并应用到实际的生产与工程实践中。

本书第 1 章由国网北京市电力公司冯海全、王云鹏编写；第 2 章、第 5 章由国网北京市电力公司贾东强编写；第 3 章由国网北京市电力公司李彬、陈泽西等人编写；第 4 章由国网北京市电力公司杨志东、代贵生，北京潞电电气设备有限公司王兴越等人编写；全书由贾东强进行统稿。初稿蒙北京开元浩海科技发展有限公司孙永文工程师，全球能源互联网研究院有限公司蔡博高级工程师，北京潞电电气设备有限公司赵明杰工程师，中科院电工所师长立、朱晋老师，北京京电电力工程设计有限公司冯吉圣工程师等的详细审阅，提出不少宝贵意见，在此表示衷心的感谢。

本书编写过程中，参阅了书末所列有关参考文献，以及相关电力行业标准、有关企业的技术资料等，在此，一并表示衷心的感谢。

限于作者水平，书中不妥和错误之处在所难免，诚请读者和同行批评指正。

编　者

2022 年 1 月

目录

1 背　　景

电能作为一种经济实用、清洁方便且容易传输、控制和转换的能源形式，广泛应用在现代社会国民经济的各行各业，电能的可持续发展关系到整个国民经济的未来的可持续发展，更是践行未来低碳社会理念的重要手段。然而，随着社会科技的进步，现代工业生产逐渐趋于自动化与智能化，配电网结构也日益复杂，敏感负荷的种类、数量也逐渐增多，普通的供电质量已经不能够满足某些重要负荷的需求，因而对供电质量也提出了比以往更为严格的要求。定制电力技术是实现电网用户侧优质供电的重要手段，可根据不同的重要场合需求提供不同等级的电能质量。其中的双电源切换设备已广泛应用于各类重要场所的供电可靠性与电能质量保障中，例如应用于配电站室内可作为低压配电网的延伸拓展，用于户外重要活动临时场所的特种供电。

1.1　电能质量简介

1.1.1　电能质量问题

1．电能质量问题概述

电能质量主要用于描述通过公用电网提供给用户端的电能的品质，虽然国内外关于电能质量的研究已经成为一个热点，但是对于电能质量还没有一个统一的定义。IEC（1000-2-2/4）标准将“电能质量”定义为“供电装置正常工作情况下不中断和干扰用户使用电力的物理特性”。IEEE Std.1100-1999 将“电能质量”定义为“满足电子装置的运行条件，并能够以一种与主布线系统及其他相关装置相协调的方式驱动、保护电子装置”。无论采用何种定义，一般而言，电能质量问题主要分为稳态电能质量和暂态电能质量两个方面，其中稳态电能质量主要包括频率、电压偏差、三相电压不平衡（负序/零序电压不平衡）、谐波电压、间谐波电压、电压波动与闪变，暂态电能质量问题主要包括短时中断、电压暂降、电压骤升等。参考 IEEE 电能质量标准定义委员会的论述，表 1-1 列出了几种常见的电能质量问题的定义及特点。

电能质量问题广泛存在于石油化工、电力系统、冶金钢铁、电气化铁路、城市建设等行业中，主要由各种异步电动机、变压器、晶闸管变流器、变频器等设备引起。美国电科院（EPRI）的一项调查结果表明：在所有的电能质量问题中，主要来源于电压暂降，如图 1-1 所示。

表 1-1　　几种常见的电能质量问题的定义及特点

电能质量问题	特　点
电压暂降	电压有效值降至额定值的 10%-90%，然后又恢复至正常电压，持续时间为 0.5 个周期至 1min
电压骤升	电压有效值升至额定值的 110%以上，典型值为额定值的 110%～180%，持续时间为 0.5 个周期至 1min
电压中断	在一相或多相线路中完全失去电压（低于额定值的 10%）一段时间。持续时间 0.5 个周期至 3s 为瞬时中断；持续时间 3s 至 60s 为暂时中断；持续时间大于 60s 为持续中断
电压瞬变	指在一定时间间隔内两个稳态量之间的变化。电压瞬变可以是任意极性的单方向脉冲或是第一个峰值为任意极性的衰减振荡波
谐波	频率为电源基波频率整数倍的正弦电压或电流。由电力系统中的装置和负载的非线性特性引起的波形畸变可分解为基波和谐波之和
间谐波	电压和电流的频率不是基波频率的整数倍。间谐波主要由静止变频器、周波变频器、感应电机和电弧设备产生，电力载波信号也是一种间谐波
电压切痕	持续时间小于 0.5 个周期的周期性的电压扰动。电压缺口主要是电力电子装置由一相换至另一相时参与换相的电路瞬时短路造成
电压波动（闪变）	电压波动（闪变）是指电压幅值在一定范围内有规律地或随机地变化。其电压幅值的变化通常为额定值的 90%～110%。这种电压波动常称为电压闪变。主要是由电弧炉引起的
电压偏差	实际运行电压对系统标称电压的偏差相对值，以百分数表示
频率偏差	电力系统中发生故障会导致系统的频率变化超出允许的范围

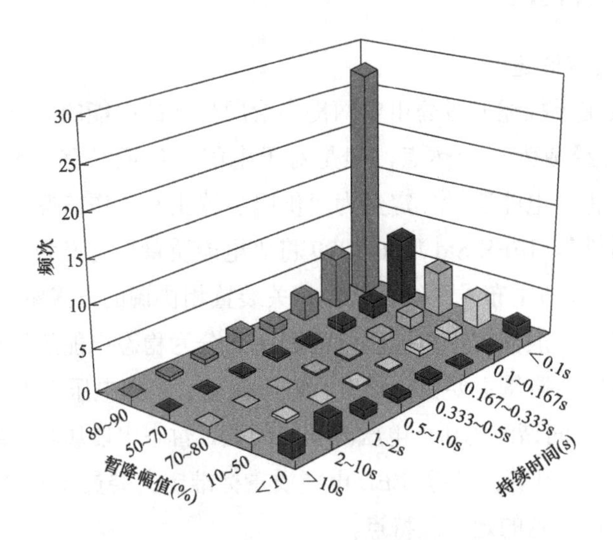

图 1-1　美国 EPRI-DPQ 电压暂降的统计结果

调查结果显示，美国电压暂降幅值低于0.7p.u.的次数为18～20次/年，低于0.9p.u.的次数为50次/年。暂降幅值为0.7p.u.～0.9p.u.的电压暂降占70%。持续时间不超过1s的约占90%，不超过0.1s的约占60%；平均发生频次低于0.7p.u.的为18.422次/年，低于0.9p.u.的为56.308次/年。从图1-1中可知，电压跌落发生的次数较为频繁，因而也可能会引发潜在的危害。

2. 电能质量产生原因

引起电网中电能质量问题的来源较为复杂，电能质量问题的起因来源于电网侧、用户侧，或是双方共同作用的结果。例如可能由于自然现象（雷电、风雨、冰霜等）对架空线路的损害，或者是电力系统接地故障，或者是设备（变压器、电缆等）与电网故障，或者是配电站室电气运行误操作因素；需要注意的是，除了电力系统本身所引起的电能质量以外，由于现代电力系统中用电负荷因素导致的电能质量问题比例日益增加。例如以基于电力电子技术的非线性用电负荷已在社会得到广泛应用，其固有的非线性特性会导致严重的电网电压、电流谐波问题；此外，以炼钢电弧炉、大型轧钢机、电气和地铁机车等为代表的大容量冲击性、波动性负荷的运行，除会向电网造成谐波污染外，会同时导致严重的电压波动、三相不平衡等综合性电能质量问题，严重威胁重要场所的供电可靠性与电能质量保障效果。这就要求供电部门采取措施提高供电质量，以保证重要负荷得到优质的电力供应。改善电能质量对国民经济的发展具有重大的现实意义和战略发展意义，电能质量问题也是国内外专家近年来一直在研究的热点问题。

3. 电压暂降问题危害

电压暂降是目前特大型城市最常见的电能质量问题，它是指电力系统中某点工频电压方均根值突然降低至额定值的10%～90%，并在短暂持续10ms～1min后恢复正常的现象。发生电压暂降的幅值和时间超过一定限度，一些敏感设备将无法正常工作。电压暂降、瞬时断电等暂态电能质量问题已成为威胁现代社会各用电设备正常、安全工作的主要干扰，并且成为威胁信息化社会供电质量不可忽视的因素。

例如，在重要的政治、体育活动场所，一般具有时间短、临时负荷比例高、社会影响大等特点，电压暂降可能会造成活动现场负荷用电质量问题，可能会对整个重要活动的对外呈现效果造成严重影响。在国民经济领域，众多行业对电网中的电压暂降、短时中断等电能质量干扰较为敏感，比如半导体、精密医疗器械（CT、核磁共振等）、高精密实验仪器、自动控制设备等高科技领域，对电网企业的供电质量提出了更高的要求，如短时电压暂降或瞬时断电都将影响部分设备的正常运行，造成产品质量下降或者报废，甚至使生产线程序紊乱或中断，进而会造成巨大的经济损失。在医疗行业，还可能会造成人员伤亡与设备毁坏，比如精密医疗设备、计算机辅助控制的重要手术等，当发生电压暂降或瞬时断电而造成设备异常工作时将导致严重后果。因此如何有效治理暂态电能质量问题已成为研究的热点问题。表1-2列出了一些电能质量问题造成的危害。

表 1-2　　一些电能质量问题造成的危害

电能质量问题	危　害
电压瞬变、波动、切痕	造成灯光闪烁、引起视觉疲劳，恶化电视机画面的亮度，影响电机寿命和产品质量，影响电子设备的正常工作
电压跌落、骤升、过压、欠压	轻则影响设备的正常运行，重则毁坏设备，甚至系统崩溃，其中电压跌落最为常见
电压中断	对一些关键负荷，比如银行、航空、半导体工厂自动生产线等，瞬时或者持续的电压中断会造成巨大的经济损失
谐波	污染电网，增加了附加输电损耗，严重影响用电设备正常运行，并作为谐振源引发串并联谐振
系统无功	增加线路损耗，降低了发电设备的利用率，增加了线路和变压器的电压降落，某些冲击性无功负荷还会引起电压波动
不平衡	引起保护误动作，产生附加谐波电流，缩短设备使用寿命，影响设备正常运行，还会对变压器造成附加损耗

1.1.2　双电源切换技术

随着现代社会经济的飞速进步与尖端科技的迅猛发展，涉及的政治、经济文化等多类型重要用户数量急剧增加。无论是常态化重要用户还是重大活动场所临时性重要用户，其对供电可靠性与电能质量保障方面均有较高要求，因此常采用多电源供电方式。为了实现重要场所的不间断供电，传统方法是采用备用电源自动投入装置（以下简称备自投）的模式。当主供电源发生故障时，备自投装置可实现备用电源供电的自动切换，其在高可靠供电保障方面发挥了重要作用。但这类基于机械开关的设备，在面向高级别重要场所的可靠性与电能质量保障领域尚存在局限性。这主要由设备的固有特性所决定，机械式开关在切换速度和暂态特性方面尚无法完全适用于所有重要场所供电保障。

欧美、日本等国家一直以来就电压暂降问题对现代工业企业生产的影响进行追踪调查，目前已逐步形成了以现代电力电子技术与智能电网相结合为基础，以用户需求为导向的定制电力技术体系，已有较广泛的应用，其中双电源切换开关技术是这些工程应用产品的重要组成部分，技术发展相对成熟，取得了较好效果。

针对重要场所供电电压骤升、跌落等动态电能质量问题，双电源快速切换开关是利用快速断路器结合先进切换控制算法代替或改造传统双路供电系统的高性能补偿装置。其中，基于电力电子技术的固态切换开关（SSTS），大幅提升了切换速度和开关的使用寿命，有效满足关键负载对供电可靠性和电能质量保障的严苛要求。数十年来已为银行业、电信业、军队等常态化重要用户系统提供了有力电力保障，也为国内大型活动重要场所众多临时性负荷提供了可靠的优质电源支撑。双电源切换设备可根据不同的应用场景进行灵活配置，尤其是与其他定制电力设备灵活组网可实现不同等级重要用户的分级供电功能，并可根据不同客户的特种供电需求进行定制化改造。

现有国内外文献中针对固态切换开关的研究成果论述较多，包括结构设计、模型构建、评估检测、驱动控制等内容。但目前国内定制电力装置仍然主要从国外进口，价格比较昂贵，对中国定制电力的发展应用存在一定制约。近几年来优质电力技术在上海、江苏等部分地区也有相应试点，国内也有许多高校和研发机构致力于固态切换开关方面的研究，加快了定制电力技术的发展。

1.2 特殊场景应用

1.2.1 工业园区优质供电

目前，以高新技术产业聚集地为基础的工业园区对优质分级供电有较高需求，“优质电力园区”是近年行业内学者为高技术产业集中提出的电能质量问题的重要解决措施，而大部分优质电力园区方案都会采用到固态切换开关（SSTS）以实现两路供电电源间的切换。SSTS 能够在两条馈线间进行快速切换，大幅缩短切换时间，保证园区内敏感负荷供电的可靠性和连续性。除优质电力园区外，还有很多备自投应用场合利用快速切换开关技术后，能够大幅提高系统运行性能。

1.2.2 重大活动供电保障应用

双电源切换设备作为一类特殊的高可靠供电保障装备，为重要场所的优质供电提供了强有力技术支撑。例如大型城市的常态化重要用户、临时性重大活动等对可靠性要求极高的供电保障场合，双电源切换设备是实现用户用电零感知、零闪动的关键手段，具有极其重要的应用前景。尤其是大型活动一般具有时间短、临时负荷比例高、社会影响大等特点，传统临时箱变群、配电箱等设备在某些特定场合无法完全适应重大活动在可靠性、灵活性和信息化等方面特种供电保障要求。通过对重要用户敏感负荷用电情况的调查及用电需求。有针对性地提出在重要点位通过加装 ATS（机械式双电源切换开关）、SSTS（固态切换开关）的方案来提高重要场所关键用户的供电可靠性与电能质量。

此外，随着户外应急供电需求的不断增加，户外式临时保障设备的广泛应用成为必然。SSTS 以晶闸管为核心器件，户外高温、多雨、多尘等复杂环境，极易对其性能造成影响。现有 SSTS 配电设备因其防护等级低、温度适应性差等问题，普遍应用于计算机机房、数据中心等户内场所，且需要空调伺服。同时，现有产品的智能化水平亟待提升。因此，户外智能型 SSTS 实现了设备在户外恶劣环境下应用的重大突破，有力支撑未来户外重要场所的特种供电保障，并为其他行业的优质供电提供了新的解决思路。

本书以重要场所供电保障需求为依托，系统介绍了双电源切换技术与应用（以 SSTS 技术为主），从设备原理、功能设计、验收评估、应急处置方案、典型应用案例等角度进行论述。

双电源切换技术原理

重要场所的双电源切换技术主要用于规避主路电源的电压质量问题对所带负荷的电能质量影响，主要由包括基于机械式和基于电力电子式开关元器件的切换设备实现。尤其在重要场所敏感负荷上级主路电源异常的工况下，需要双电源切换设备及时、安全、可靠地切换至备用电源，其控制策略直接关系着设备的运行性能。本章主要从基本原理、拓扑结构、控制策略、运行模式等方面简要论述了重要场所双电源切换设备的工作机理。

2.1 ATS 原理

自动转换开关 ATS（Automatic Transfer Switching equipment），主要用于重要场所的应急供电领域，是可将负载电路从一个电源自动切换至另一个（备用）电源的开关设备，以确保重要负荷可靠、连续运行。ATS 以机械结构为基础，转换时间可达到秒级，会造成负载短时断电。一般适合于重要等级较低场合的照明、电机类等负载。

2.1.1 拓扑结构

ATS 配电箱内使用的双电源切换开关需有效保障供电的连续性、安全性和稳定性。典型 ATS 设备拓扑实物包括执行断路器、控制器、适配器和智能监测单元等组件，如图 2-1 所示（适配器位于箱体后侧，未在图中标出），执行断路器加装适配器后通过控制连接线与控制器连接，实现对供电电源的检测；执行断路器通过控制器设定的程序自动完成电源间的转换。

执行断路器：其电流分断能力、脱扣单元、极数应根据实际需求配置，应具有显示和通信功能，标配电动操作机构，执行断路器与控制器之间可全部设计为插拔式二次接线方式。

控制器：对常用电源、备用电源的工作状况进行监测，当供电电源状态超出设定阈值（如任意一相断相、欠压、失压或频率出现偏差）时，控制器发出动作指令，执行断路器带载进行自动转换动作，三种控制方式包括手动按键转换、自动转换、远程通信转换。控制器应具有过压保护功能，可进行参数设置、数字显示、故障指示、综合报警，长期过压能正常工作，并且标准配置通信功能。控制器有两种形式：一种由传统的电磁式继电器及时间继电器构成；另一种是数字电子型智能化产品。它具有性能好，参数可调及精度高，可靠性高，使用方便等优点。

适配器：电源监测与电气联锁的重要组成部分，采集供电电源的电压幅值、频率、相位等状态参数，供控制器做比较判断；可靠的隔离转换开关强、弱电部分，保证转换开关运行的高可靠性；适配器具有过压保护功能，长期过压能正常工作。

智能监测单元：采集控制器、断路器通信模块、温湿度传感器等元器件信息，实现ATS状态、开关状态、箱内温度和电缆接点温度通过光纤、4G通信和LTE230专网等通信方式上传。智能监测单元内置直流供电模块，内置电池。能够为ATS控制器、通信模块等提供直流电源。保障双路电源失电后，将遥测、遥信信息上传至主站。

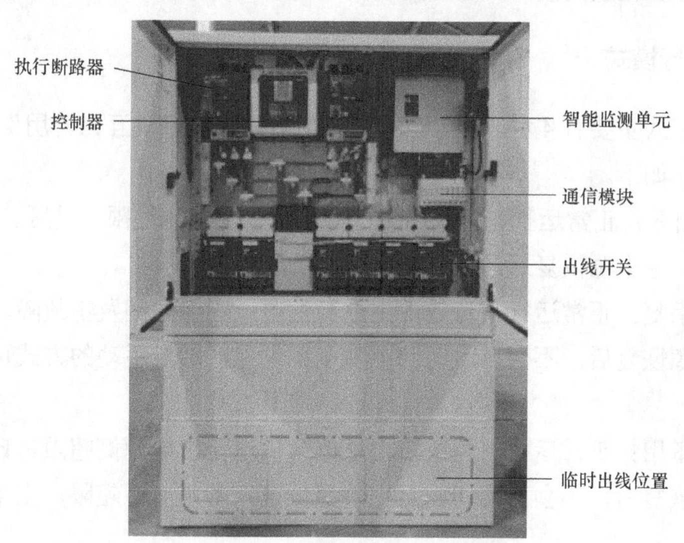

图 2-1　ATS 设备拓扑实物

与使用两台接触器进行主备电源的自动切换模式相比，ATS 具有切换特点如下：

（1）切换速度快。

（2）工程费用低（ATS 可以取代两台断路器）。

（3）联锁可靠。ATS 内部具有可靠的机械连锁和电气联锁，避免了两台断路器只有电气联锁的不稳定性。

（4）维修方便。

随着社会各类用户对供电质量需求的日益严苛和现代配电技术的迅猛发展，行业内也出现了新型切换开关产品。该类产品操作便捷、质量可靠、寿命长，一般由两台三极或四极的塑壳断路器及其附件（主要指辅助、报警触头等）、智能控制器、机械联锁传动机构等组成。目前此类双电源开关新产品主要分为整体式与分体式两种结构，整体式是控制器和执行机构集成安装于一个底座上；分体式是控制器安装在柜体面板上，执行机构安装在底座上，控制器与执行机构采用电缆线连接。两台断路器之间配置了可靠的机械联锁装置与电气联锁保护，彻底避免了两台断路器同时合闸的风险。

新型切换开关产品具有以下特点：

（1）智能化控制器经工业化设计，具备硬件简洁、扩展方便、可靠性高、功能强大等特点。

（2）具有短路、过载保护功能，过压、欠压、缺相自动转换功能与智能报警功能。

（3）具有操作电机智能保护功能。

（4）自动转换参数可在外部自由设定。

（5）带有消防控制电路，当消防控制中心给一控制信号进入智能控制器，两台断路器都可进入分闸状态。

（6）备有计算机联网接口，具备实现四遥功能（遥控、遥调、遥信、遥测）。

2.1.2 运行模式

ATS 运行模式主要有 4 种，即“自投自复”“自投手复”“互为备用”和“手动”，具体工作模式描述如下。

（1）自投自复：正常运行，负载由主电源供电。主电源超限（过压、欠压），自动切换到备用电源；主电源恢复后，自动切回至主电源供电。

（2）自投手复：正常运行，负载由主电源供电。主电源侧发生故障，自动切换到备用电源；主电源恢复后，不会自动切回至主电源供电，通过手动的方式可以恢复至主电源供电。

（3）互为备用：正常运行，负载将由主电源供电。主电源侧超限，自动切换到备用电源，主电源恢复后，不会自动切回至主电源供电；备用电源超限，主电源正常，自动切至主用电源。

（4）手动：通过控制器可手动操作主电源或备用电源断路器合闸，也可以使主、备电源断路器同时分闸。

2.1.3 开关设备

1. 执行断路器

执行断路器是双电源切换设备主要组成部件，ATS 开关本体可分为 PC 级与 CB 级。

（1）PC 级：PC 级 ATS 的整个开关是一体式设计制造，属于 ATS 专用执行开关，具有结构简单、体积小、自身连锁、转换速度快、安全、可靠等优点，但需配置短路保护电器。

（2）CB 级：CB 级 ATS 是用两个相同的执行断路器，通过电动操作机构，在控制器的逻辑控制下，分别推动开关接通和断开实现电源的自动转换。CB 级 ATS 的操作机构有单电机操作和双电机驱动两种，配备过电流脱扣器，其主触头能够接通并用于分断短路电流，具有短路保护功能。国内 CB 级 ATS，基本上采用单电机驱动机构，施耐德、

ABB 等进口产品多采用双电操驱动机构。

开关设备选用 PC 级或 CB 级主要根据其不同的应用场景。PC 级开关能够接通和承载正常和故障电流，但不用于分断短路电流，不作为短路保护电器使用，只作为电源自动转换开关使用；CB 级开关采用断路器作为执行机构，配备过电流脱扣器，具有对负载侧用电设备和电缆的过流保护功能，能够接通、承载和分断短路电流，当负载出现过载或短路时可迅速跳开断路器。

PC 级开关设备体积小、操作机构简单，成本也相对低廉，通常应用在消防、电梯等领域作为应急电源转换开关，支撑重要负荷连续供电。CB 级开关可配合可控硅电子控制系统，其切换时间可达到毫秒级，适用于较为重要负荷的连续、可靠供电，但体积较大，成本较为昂贵。

2. 开关选择

双电源系统是重要电力负荷安全运行的重要保障，而电源切换开关是连接两个电源的重要枢纽，正确选择双电源的切换开关，可在一个供电电源发生故障时能及时、安全地切换到另一个备用电源，为负载提供不间断电力输送。

目前，对于双电源切换开关中的三极和四极开关的选用，尚未有明确定论。一般认为，对于 TN-C-S、TN-S 系统中的电源切换开关应采用同时切断相线导体和中性线导体的四极开关，但对于同一类型同容量电源之间的双电源转换，如两个市电电网、两个发电机组，其中性线不切换时可选用三极开关。对于 TN 系统中的一些特殊情况，类似三相严重不平衡及高次谐波含量较高等，是否选用四极开关视负荷重要性而确定。不同接地系统或不同容量的电源之间的电源转换应选用四极开关，因为在各自的中性线上都有不同的零序电压存在，中性线不断开将会形成环流，对电气设备危害很大。此外，带漏电保护的双电源切换开关应装设四极开关，以保证正常实现漏电保护功能，防止发生拒动或误动作。以某省级电力公司配电网典型设计为例，大部分低压接地系统规划低压工作接地网和保护接地网分别按两个接地网实施。

2.1.4 配置方式

1. 末端配置

ATS 切换时间可达秒级，因此适用于重要用户等级不高，或者对重大活动呈现效果影响不大的场合；因此其支撑的重要场所负荷可以允许短时中断，但不允许长时间停电。该种情况下对重要负荷供电链路末端配置 ATS（见图 2-2）不失为一种经济、高效的方式实现负荷的高可靠供电保障功能。

在某些特殊的重要场所，用户上级站室可能会安装 SSTS 作为低压配电网的拓展延伸，此时若在末端配置 ATS，供电链路会出现不同类型双电源切换设备的级联运行状态。由于在切换时间存在显著差异，因此在做好保护配置的基础之上可以允许该种运行状态；此外，应规避同类型双电源切换设备级联的运行状态（例如 ATS＋ATS），以免出现同类型设备因为保护设置原因导致的投切配合问题。

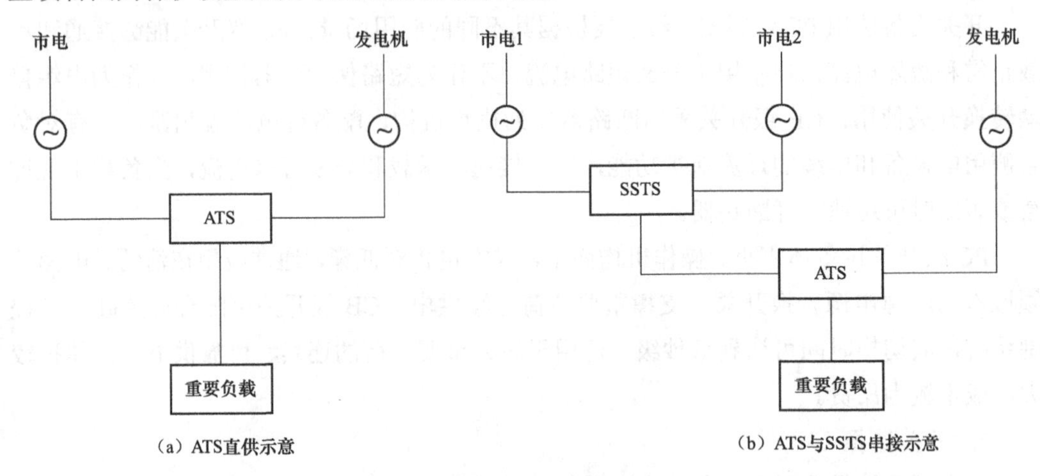

图 2-2　ATS 末端配置示意

2. 组合配置

针对某些高可靠供电保障场合，ATS 可不直接对用户进行末端供电，只是作为其中的双电源切换模块与其他的定制电力模块组合或者集成为成套设备体系，例如 ATS 可和电池储能、飞轮储能等模块分别灵活组网，形成电池储能/飞轮储能 UPS 应急电源车，为重要场所敏感负荷提供紧急电源支撑。

（1）电池储能系统。电池储能系统中，ATS 通常作为市电与储能系统柴油发电机的双电源切换模块，配合 UPS 模块完成对重要负荷的高可靠供电保障功能。

以图 2-3 中并联冗余 UPS 配置方式为例，ATS 配套多台并联冗余 UPS 模块可为特

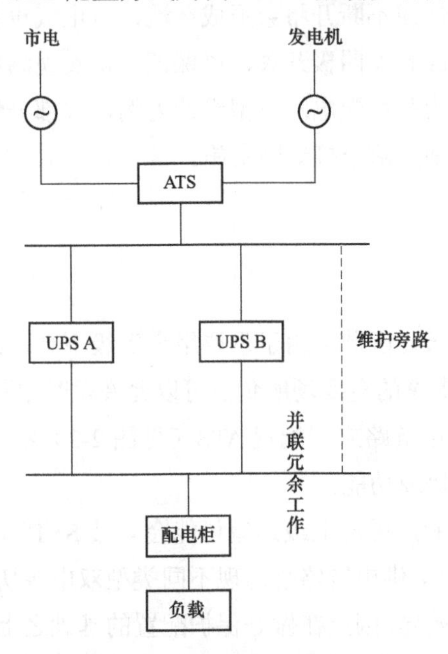

图 2-3　并联冗余（$N+1$）UPS 配置方式

别重要负荷提供不间断电源，提高重要用户供电保障的可靠性与灵活性，主要适用于对重要用户进行高可靠扩容改造的场合。

（2）飞轮储能系统。飞轮储能系统是为重大活动提供紧急电源支撑的重要手段。其中 ATS 模块与飞轮储能 UPS 核心模块、柴发模块有效组合，当市电出现故障时，控制柴油发电机组投入使用，当市电故障恢复时，柴油发电机组自动退出运行，为关键负载提供零毫秒级不间断电力保障。如图 2-4 所示。

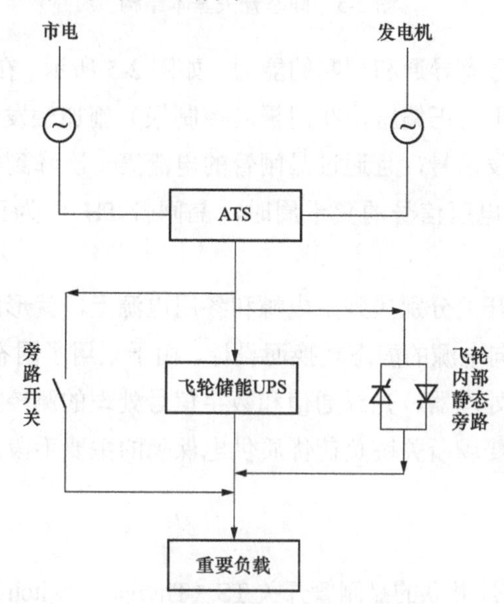

图 2-4　飞轮储能系统工作原理

飞轮储能系统中，ATS 模块可自动控制市电和柴油发电机组的输入输出，操作控制工作程序，与监控软件配合改变不同的输入输出控制模式。

2.2　SSTS 原理

2.2.1　基本原理

固态开关（Solid State Switch）一般由大功率三极管、晶闸管、功率场效应管等固态电力电子元器件构成，是一种无运动零件的、无触点及灭弧装置的开关，其利用电力电子器件的开通和关断特性，可实现全开关过程无火花、无电弧。固态开关可在高冲击、振动等环境下工作，且双电源切换速度可达毫秒级。

晶闸管是目前行业领域内较为成熟的电力电子器件，已在现代柔性输配电领域中得到了广泛应用，可通过上百甚至上千安培的电流，且导通损耗较小。晶闸管的开通、关断速度极快，一般在几毫秒以内，某些晶闸管的开关速度可达到微妙级。

以最基本的固态开关为例，其由两个反并联的晶闸管构成，如图 2-5 所示。图中并联的 RC 支路有吸收尖峰的滤波效果，可有效防止电磁干扰导致的误导通现象。

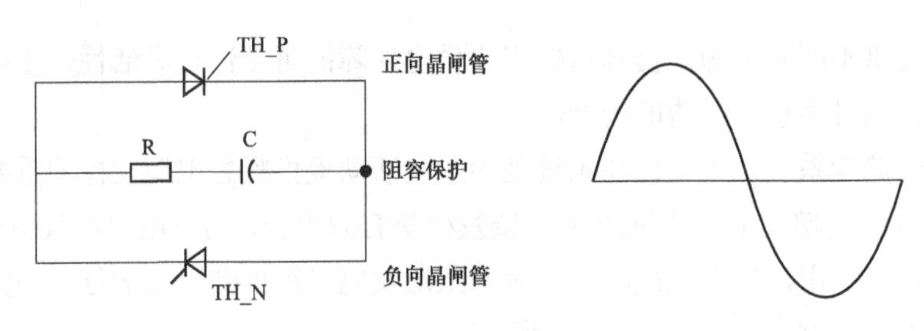

图 2-5　固态开关基本结构

固态开关对交流信号有导通和判断的能力。如图 2-5 所示，在电压信号的正半周时，晶闸管 TH_P 两端的电压为正偏压，在门极（控制极）施加触发信号时 TH_P 导通，流过正向电流；当撤销触发信号，且通过晶闸管的电流第一次降到零时，晶闸管关断，但不产生火花、电弧；在电压信号的负半周时，晶闸管 TH_N 为正偏压，施加触发信号 TH_N 导通流过负向电流。

将两组同样的固态开关分别接到主电源和备用电源上，就形成了固态切换开关（以下简称 SSTS），主要面向电源的静态转换而设计。由于采用了固态开关，SSTS 切换时间极短，同时配合基于微处理器、光纤通信和数字信号处理的测控技术，负载在投切过程中不受损失，是解决重要场所关键负荷优质供电保障的主要手段。

2.2.2　拓扑方案

SSTS 的核心是两个反并联的晶闸管开关 TS（Thyristor Switch），对于不同电压等级的重要应用场所，考虑到运行损耗、故障率等原因，SSTS 的结构与运行特点仍存在一定差异。

目前，SSTS 的拓扑结构设计主要有两种：一是采用纯晶闸管阀的简易结构；二是基于晶闸管阀和开关并联使用的复合结构。

1. 简易结构

该结构中，SSTS 的切换模块采用了纯晶闸管阀，同时配置控保系统、隔离开关、旁路开关，以支撑 SSTS 系统的运行、维护和调试，主要用于低压（0.4kV）重要场所的优质供电。SSTS 的典型结构如图 2-6 所示。

运行特点：晶闸管在固态切换开关的运行过程中一直导通（正向和反向晶闸管各导通半个周波）。采用纯晶闸管阀方案中，晶闸管在设备运行过程中一直导通（正向和反向晶闸管各导通半个周波），虽然晶闸管两端压降很小，但流过的却是比较大的负荷电流，会产生很大的热量和损耗，因此，必须配套辅助的冷却系统，常用冷却措施包括水冷、油冷、风冷等。

2. 复合结构

低压 SSTS 由于其固有电力电子特性的缘故，存在着一定的损耗和故障率；而与之配套的冷却设备亦增加了相关系统的复杂性与运维成本，降低了设备的运行可靠性与效率。因此，考虑到机械开关的优点（效率较高、结构简单），10kV 重要场所优质供电方案中多采用晶闸管开关与快速机械开关混合式结构，以便于集成常规机械开关与固态开关的优势。

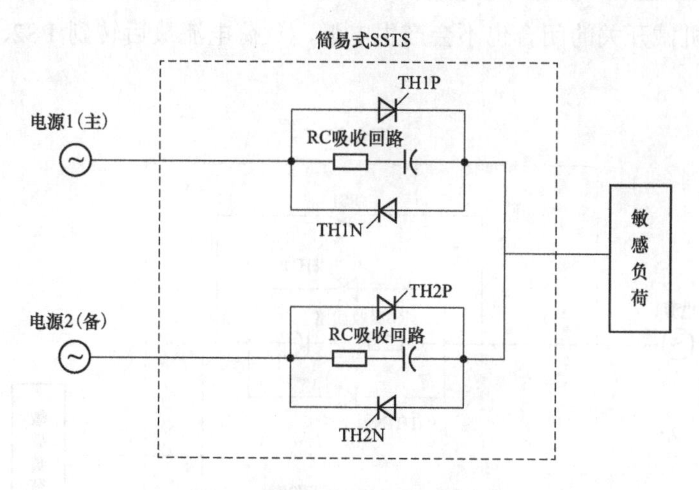

图 2-6　固态切换开关单相原理

采用晶闸管阀和开关并联使用的复合结构方案中，就是在原来的固态开关两侧并联高速机械开关，如图 2-7 所示。

SSTS 由晶闸管开关与快速机械开关并联，快速机械开关用于正常运行、检修和其他情况备用，主备用电源侧晶闸管间主要是完成主备电源的快速切换。在检测到主电源侧发生故障后，判断备用电源侧的电压是否满足敏感负荷需求，如果满足，则以最快速、最安全、最可靠的方式切换到备用电源侧为负载供电。

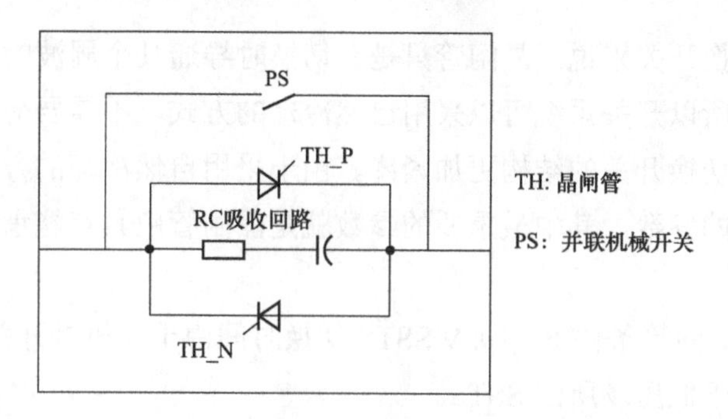

图 2-7　复合式开关基本结构原理

如图 2-8 所示为采用复合式开关的主/备用式 SSTS 系统单相电路图。正常运行时，负荷电流从机械开关 PS1 中流过，晶闸管开关 TH1、TH2 不导通；当满足切换条件时，机械开关 PS1 首先打开，同时给晶闸管 TH1 发触发命令，当 PS1 动作后，产生的电弧电压可使晶闸管阀两端建立起正向电压，从而可以触发导通相应的晶闸管，负荷电流开始从 PS1 转移到晶闸管阀 TH1 支路，由于晶闸管的快速导通，机械开关 PS1 很快被熄弧，此后在适当的时机撤销触发信号，那么在电流第一次过零时，晶闸管将关断。

当检测到晶闸管中的电流过零后，立刻触发备用电源侧的晶闸管开关单元，使电流转换到晶闸管 TH2 上来，然后闭合机械开关 PS2，此时晶闸管还在导通，两端压降接近于零，因此，机械开关的闭合也不会产生电弧，负荷电流最后转到 PS2 上，从而完成整个切换过程。

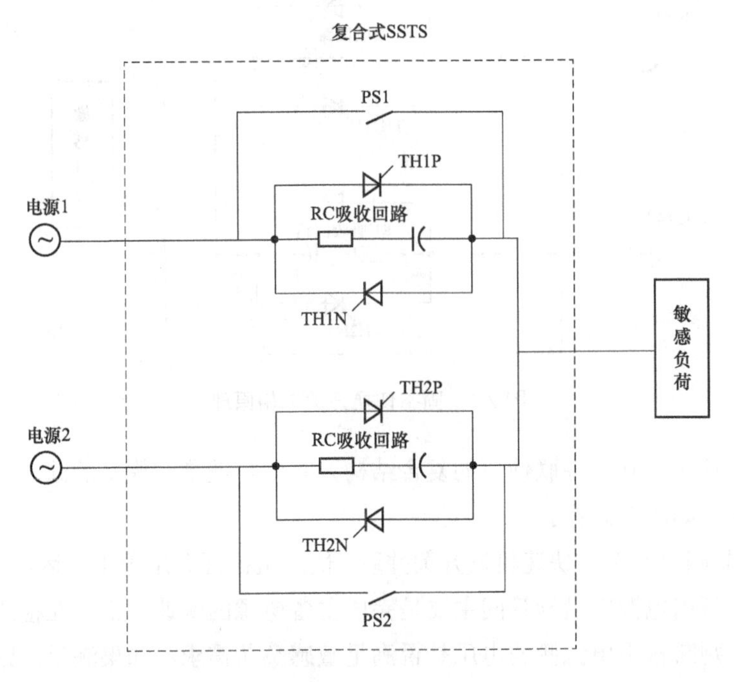

图 2-8　复合式 SSTS 的单相结构示意

对于复合式切换开关来说，晶闸管只是在切换时导通几个周波的时间，因此能量损耗几乎可以忽略，所以开关系统可以采用自然冷却的方式，不需要另外加装水冷或风冷设备，从而混合式切换开关的结构更加紧凑。由于采用自然冷却的方式，采用的晶闸管必须具有性能优越的参数，其中最重要的参数就是晶闸管应具有能承受短时故障电流的能力。

需要注意的是，同等条件下，10kV SSTS 切换时间由于受机械开关动作时间的影响，其切换时间一般多于低压场所的 SSTS。

2.2.3　供电模式

SSTS 应用时主要有以下两种接线方式，一种是主备式两单元供电模式，适合采用双电源供电的场合，接线如图 2-9 所示；另一种是互为备用分裂母线式三单元供电模式，适合采用分裂母线供电的场合，接线如图 2-10 所示。

目前国内的数据中心应用 SSTS 的案例较多，多数以一路 UPS、一路市电或两路 UPS 作为电源，目的是实现 UPS 容量冗余和更高的供电可靠性。两路电源相互独立，但具备良好的同步性（相位差一般小于 10°），且备用电源具备足够的容量。正常情况下，负载

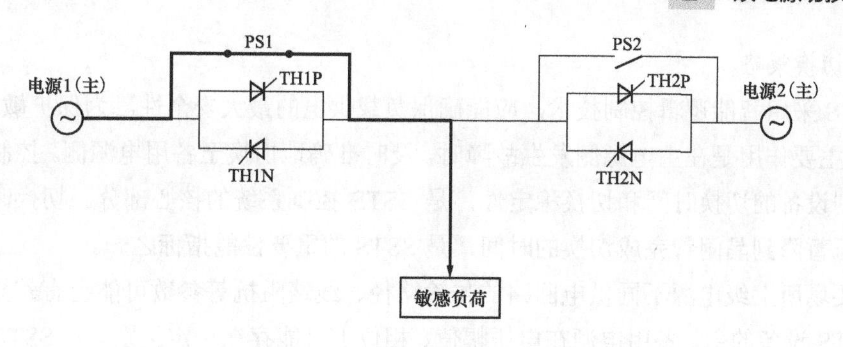

图 2-9　主备供电模式接线

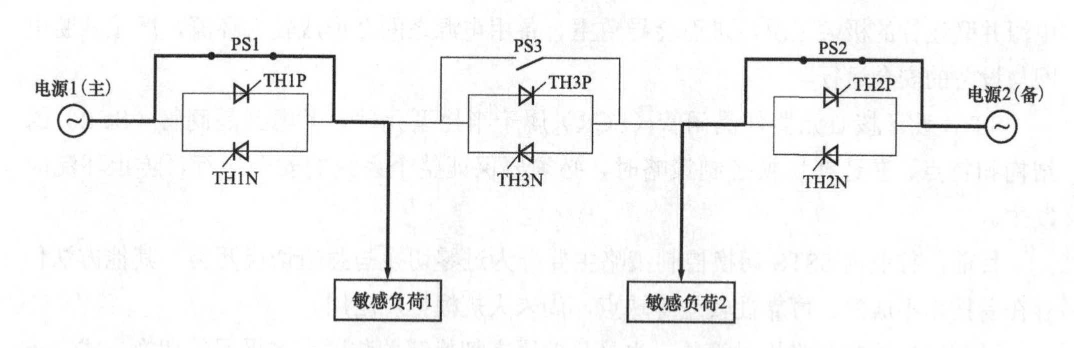

图 2-10　互为主备供电模式接线

通过主电源供电，电流和电压传感器持续监测两路电源的状态（电压、电流、相位、频率等），并把这些信息反馈给监控电路，一旦检测到主电源偏离预定范围需要断开时，立刻切换到备用电源，先断后通。主电源恢复正常后，SSTS 可根据用户选择，决定是否由备用电源切回到主电源供电（一般主电源与备用电源可靠性与容量相同的情况下，可选择不切换）。

SSTS 在切换过程中，可有效检测主备用电源电压的幅值和相角，并可在主电源运行异常后安全、可靠、及时地切换到正常运行的备用电源，为重要场所的优质供电提供了有力支撑，推广应用价值较高。

2.2.4　切换控制

1. 切换时间

SSTS 的一次全过程切换操作所需总时间主要包括检测时间、整定时间和转换时间，分别定义如下：

（1）检测时间是从故障发生开始到控制系统检测到故障的这段时间。

（2）整定时间是根据负载电能质量耐受曲线即敏感度曲线设定的延迟时间，即检测到故障发生时延迟一定的“整定时间”后才开始切换。

（3）转换时间是从控制系统发出切换命令到完成负载电源转移所需要的时间。

2. 切换策略

SSTS 采用智能逻辑控制技术，应能确保负载供电的最大安全性。为保护敏感负荷，SSTS 的主要作用是在主电源侧发生故障时，及时准确地切换至备用电源侧。控制策略直接影响到设备的切换时间和切换稳定性，是 SSTS 控制系统的核心部分。切换时间即为发生电压暂降到晶闸管完成切换的时间，是 SSTS 的重要性能指标之一。

重要场所上级电源不同供电回路的传输路径、线路阻抗等参数可能会有差异，这就导致 SSTS 设备的主、备用电源在电压幅值、相位上可能存在一定区别。若 SSTS 由于控制问题导致设备的主备两供电支路的晶闸管模块同时被触发，则可会形成上级主、备用电源并联运行的极端工况，进而会导致主、备用电源之间会形成较大环流，严重威胁电网与设备的安全运行。

SSTS 设备核心元器件晶闸管（SCR）属于半控型元件，考虑到晶闸管（SCR）的结构和特点，在选择切换控制策略时，必须要保证整个系统的安全运行，防止环流的发生。

目前，行业内 SSTS 切换控制策略主要分为过零切换与强迫切换两类，其他方法仍存在着技术不成熟、可靠性较差等缺点，尚未大规模推广应用。

过零切换控制策略相对简单，也是目前固态切换开关装置大多采用的切换方式。该种方式主要是指 SSTS 在检测到主电源侧晶闸管模块中流过电流减小至零，即主电源侧晶闸管模块完全关断后，触发即将被切换的备用电源侧晶闸管模块。

实际应用时，电流不可能绝对过零，可设置过零阈值电流值辅助程序进行判断，若检测到晶闸管电流小于阈值，可认为此时已达到电流过零的状态。

如图 2-11 所示为过零切换的主备电源投切流程，设备在运行时，控制系统实时检测主电源侧电压。若检测到电压超限信号，逻辑判断主电源电压是否异常，若主电源异常，则判断备用电源电压是否异常，若备用电压正常，则封锁主电源侧晶闸管回路的触发脉冲，待检测到主电源回路电流过零（可设置过流阈值），则给备用电源侧晶闸管模块触发脉冲，电流转移到支路后完成切换过程。

过零切换属于 SSTS 相对安全的控制策略，该种运行模式可有效规避主、备用电源可能出现的并联运行工况，防止环流产生，进而保证重要场所上级电力系统和下带敏感负荷的安全、稳定运行。由于需要等到主电源回路电流完全过零后方可投切备用电源，所以该种策略对应的整个切换时间相对较长，典型切换时间约为 10ms。虽然可以满足绝大多数重要负荷的电能质量保障需求，但在某些用电质量要求极高的特殊场所仍会影响重要负荷的正常运行，存在一定的应用局限性。

强迫切换是指在 SSTS 上级主电源如果发生故障时，立即封锁主电源晶闸管模块的触发信号，并同时触发备电源的晶闸管模块。此时主电源晶闸管模块中流过的电流尚未减小至零，此控制模式主要目的是强制将异常电源回路流经晶闸管模块中的电流减小至零（实际程序中应设置过零电流阈值），以压缩切换时间，加快设备的切换过程。SSTS

采用强迫切换运行模式，切换时间可减少至5ms以内，能够满足重要场所大多数敏感负荷的电能质量保障需求。

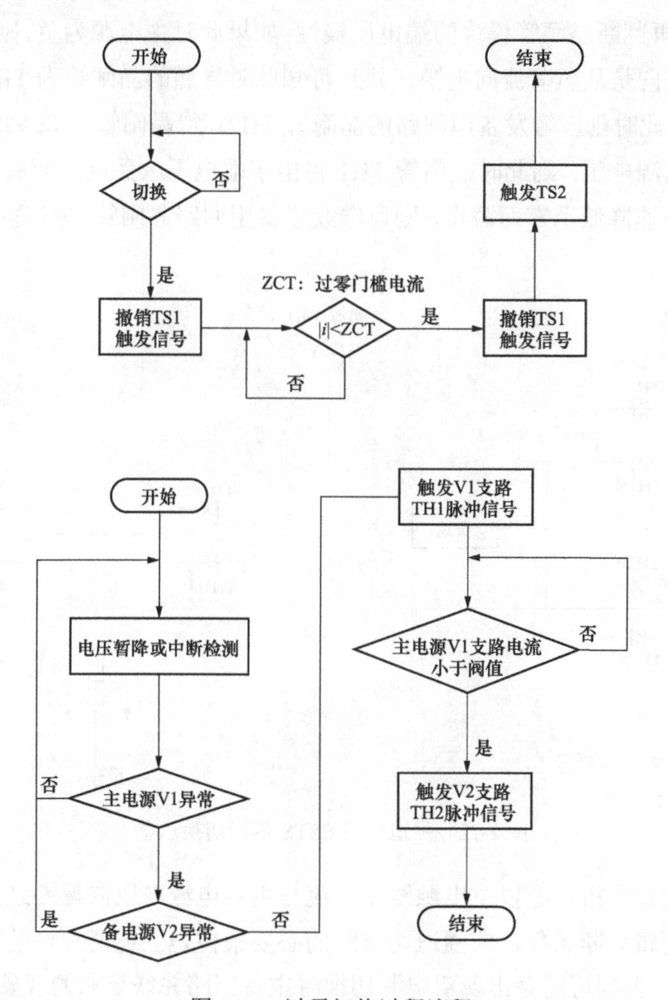

图 2-11　过零切换过程流程

强迫切换控制策略虽然可以进一步压缩切换时间，但同时也增加了运行风险，例如造成两个电源并联运行，出现环流现象，进而影响电力系统和敏感负荷的正常运行。这就势必依赖于安全可靠的监测模块和严格缜密的切换控制逻辑，以支撑切换全过程的顺利实施。

与过零切换策略相比，强迫切换必须实时、有效监测晶闸管模块中各晶闸管的端电压，判断晶闸管中电流的极性，然后根据电流极性触发另一电源回路的晶闸管模块中的晶闸管。

强迫切换控制策略中，主要通过内部强大的检测电路监测晶闸管端电压的极性，以分析判断晶闸管的通断和电流的流向，然后根据电流流向触发另一回路晶闸管模块中对应的晶闸管，在主电源回路电流为零后再触发备电源回路相应的晶闸管。

图 2-12 为 SSTS 单相切换为例，当设备控制模块收到切换指令后，先检测、判断分析备用电源的运行状态；若此时备用电源正常，控制模块立即对主回路晶闸管模块封锁全部触发脉冲，再判断晶闸管模块的端电压极性；如果此时主电源为负，则表明此时 SSTS 内部回路电流方向是从负荷流向电源，并且可知此时导通的晶闸管为 TH1，为维持回路电流方向一致，此时则应触发备用回路的晶闸管 TH2；待晶闸管 TH2 触发后，若备用电源电压小于主电源电压，则此时晶闸管 TH1 将由于端电压承受反压而截止，因此晶闸管 TH1 的电流会迅速降低至零而截止，则可继续给备用回路晶闸管 TH2 触发脉冲，以完成全过程切换。

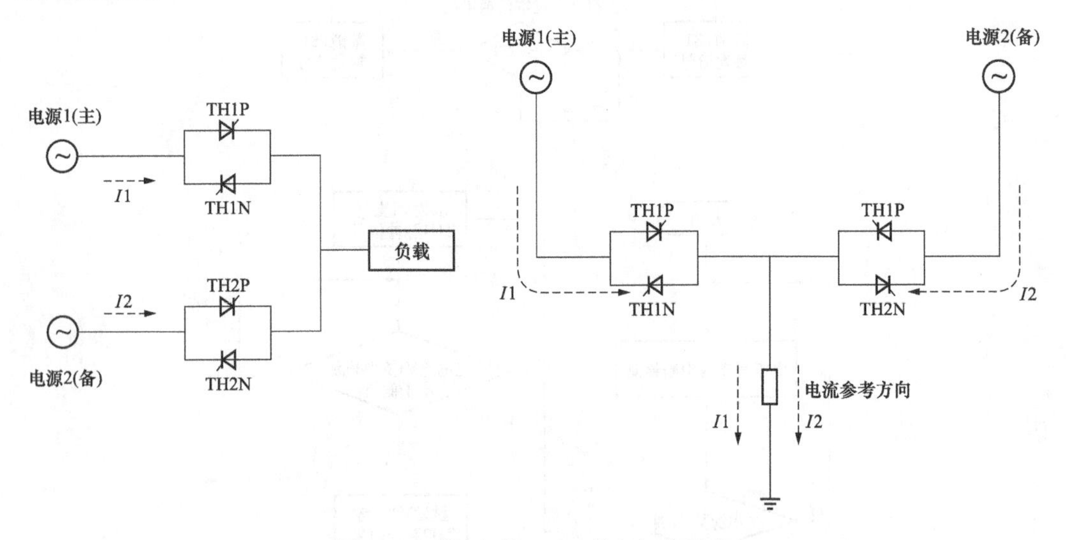

图 2-12　强迫切换 SSTS 单相切换示意

现有文献通过分析，亦以主电源线路电流与主备电源电压向量差之间的关联关系作为强迫切换的逻辑判断条件，即强迫切换时的必要条件是上述两参量的乘积为负值，即 $(v1-v2)*i1<0$。否则可能会出现双电源切换时主备回路并联导通的现象。

图 2-13 为强迫切换控制流程。设备检测到主路电压超限信号后，判断主电源电压是否异常，若异常，则检测备用电源电压是否异常，分析判断是否满足切换条件；若备用电源电压无异常，则撤销主电源侧对应的晶闸管脉冲触发信号；判断主电源侧电流方向是否为正，若电流正向，则触发备用侧正向晶闸管脉冲，若电流负向，则触发备用侧反向晶闸管脉冲；判断主电源侧电流是否全部减少至零，若电流全部为零，则可继续触发备用侧晶闸管。

综上，SSTS 过零切换控制策略的特点是安全可靠，但切换时间相对较长，在某些重要场所尚不能完全满足敏感设备的严苛切换时间要求。强迫切换策略虽然增加了逻辑控制的复杂程度、保障装备的设计难度（比如测控模块），但在某些重要高可靠供电保障场所，可有效改善保障装备的性能指标，以支撑重要场所“零闪动”电能质量保障效果。

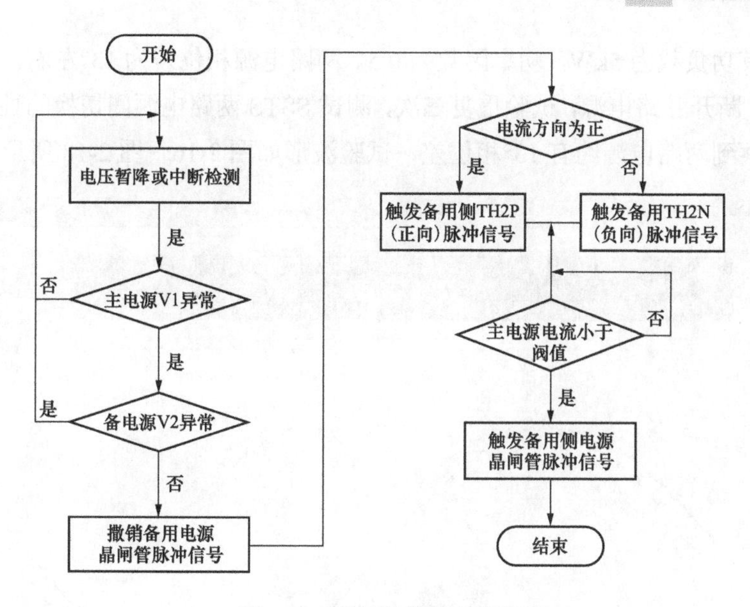

图 2-13　强迫切换控制流程

3. 影响因素

SSTS 完整切换过程中，主备电源侧晶闸管都须动作完毕，即当 SSTS 主电源侧三相与负载连接的晶闸管都关断，备电源侧三相与负载连接的晶闸管都导通时，切换过程方完成。切换过程的影响因素较多，包括电源、设备、负载等方面。

（1）电源特征：主要指主备电源之间的差别，进而影响晶闸管输入和输出之间的电压降；

（2）设备特征：包括 SSTS 的元件和检测算法等方面，前者主要指主备电源的晶闸管触发或者关断信号的时间，后者主要指设备对电压扰动的检测，以及对电流方向和过零检测逻辑，主要由其检测算法决定；

（3）负载特征：主要影响相电压的相对位置、相电流过零点和晶闸管的电压降。

4. 切换测试

由于在电网电压出现扰动时的相位并不固定，这就导致 SSTS 切换时间亦不确定，为进一步论述设备切换特性，本节以某型号 SSTS 为例，对其切换性能进行测试。此次测试的接线原理如图 2-14 所示。

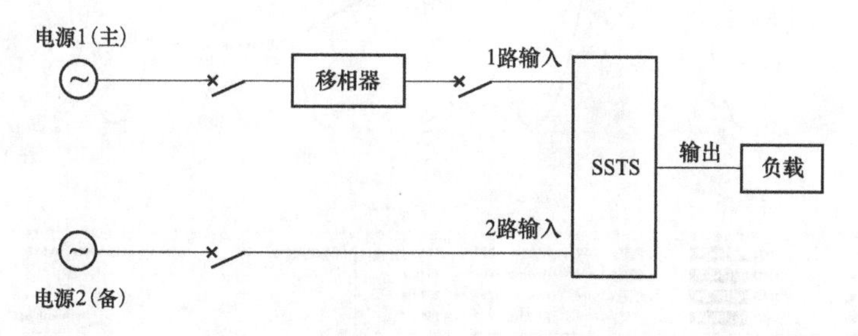

图 2-14　SSTS 切换测试接线原理

测试时有功负载为5kW，功率因数为0.5。两路电源相位差为13°左右，Ⅱ路电源作为主供电源。断开Ⅱ路电源，试验重复三次，测试SSTS两路电源间切换的性能。图2-15中可清晰观察到两路电源约有13°相位差，试验波形如图2-16～图2-18所示。

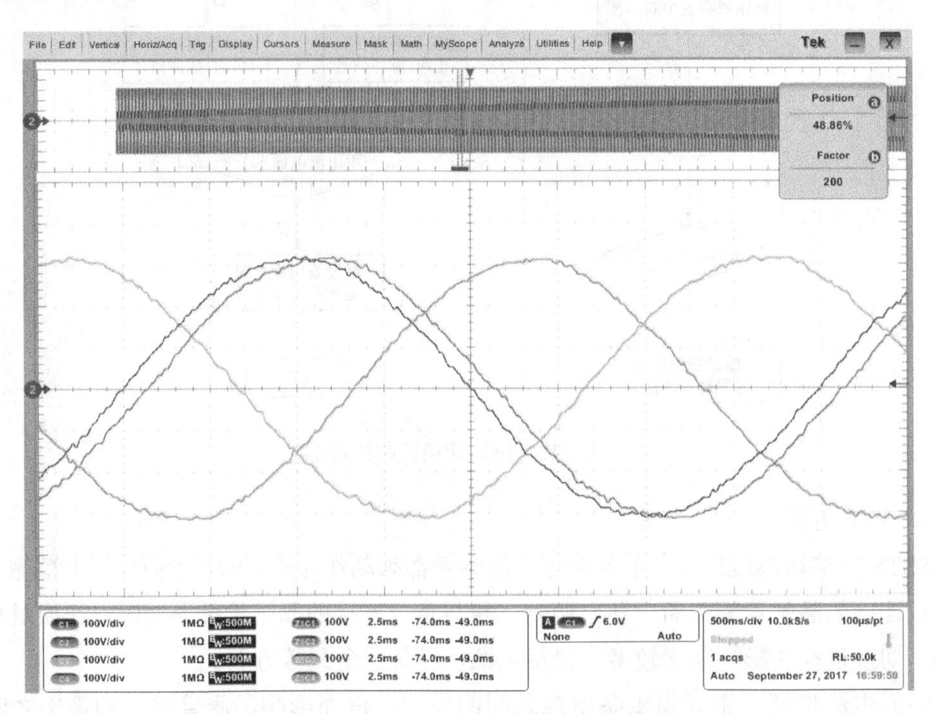

图2-15　Ⅰ路与Ⅱ路电源电压波形

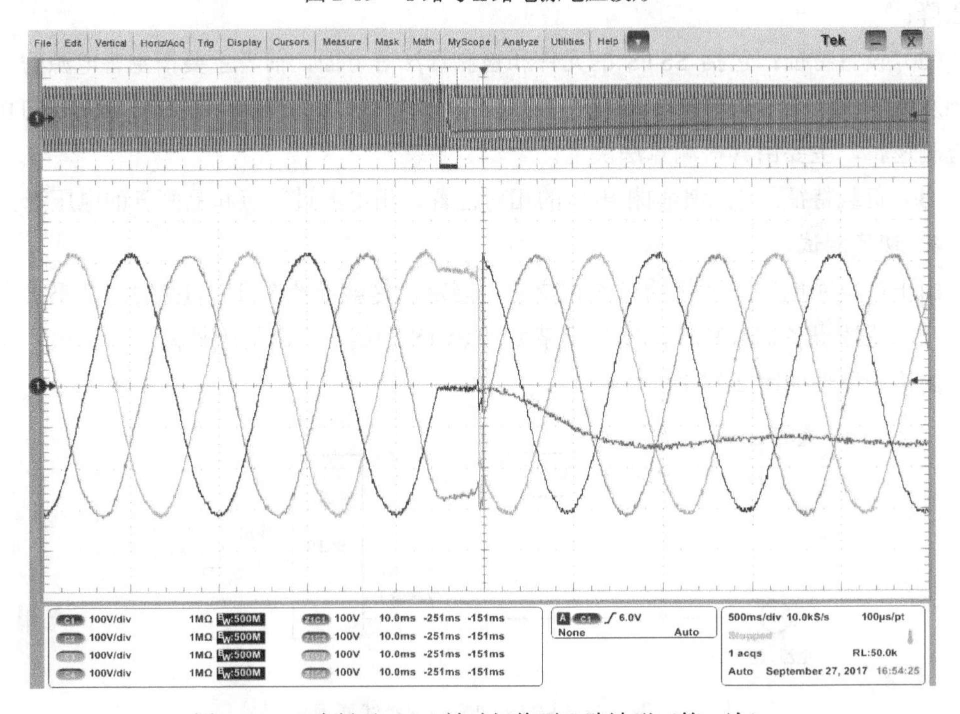

图2-16　Ⅱ路断开SSTS被动切换至Ⅰ路波形（第1次）

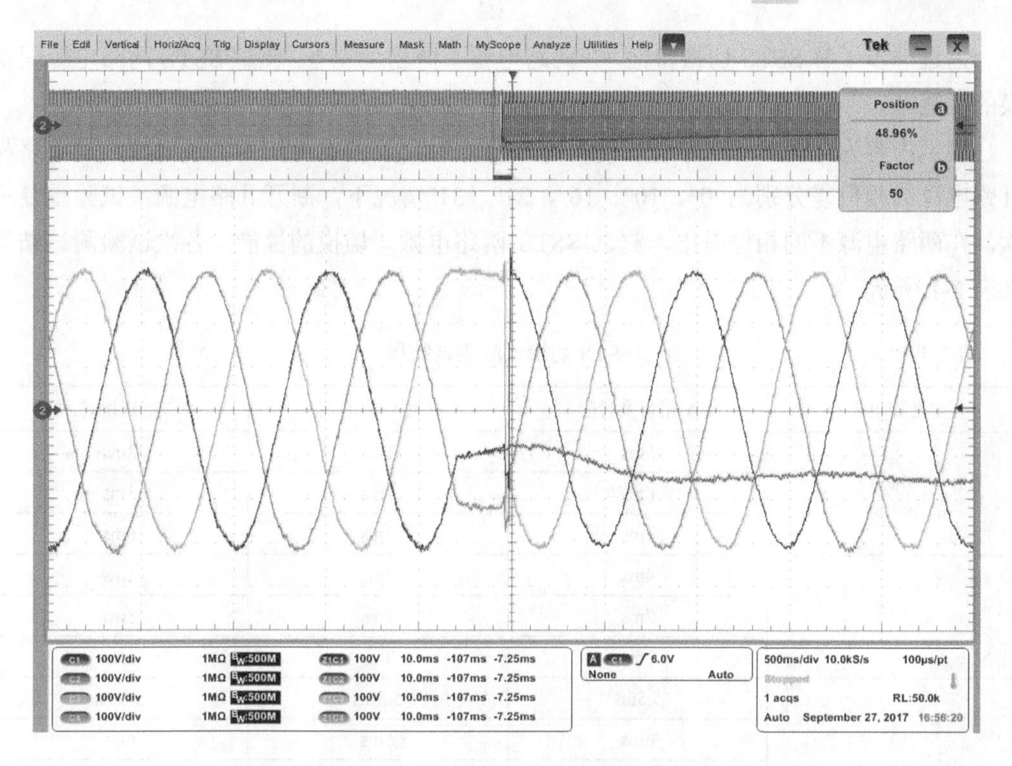

图 2-17 II 路断开 SSTS 被动切换至 I 路波形（第 2 次）

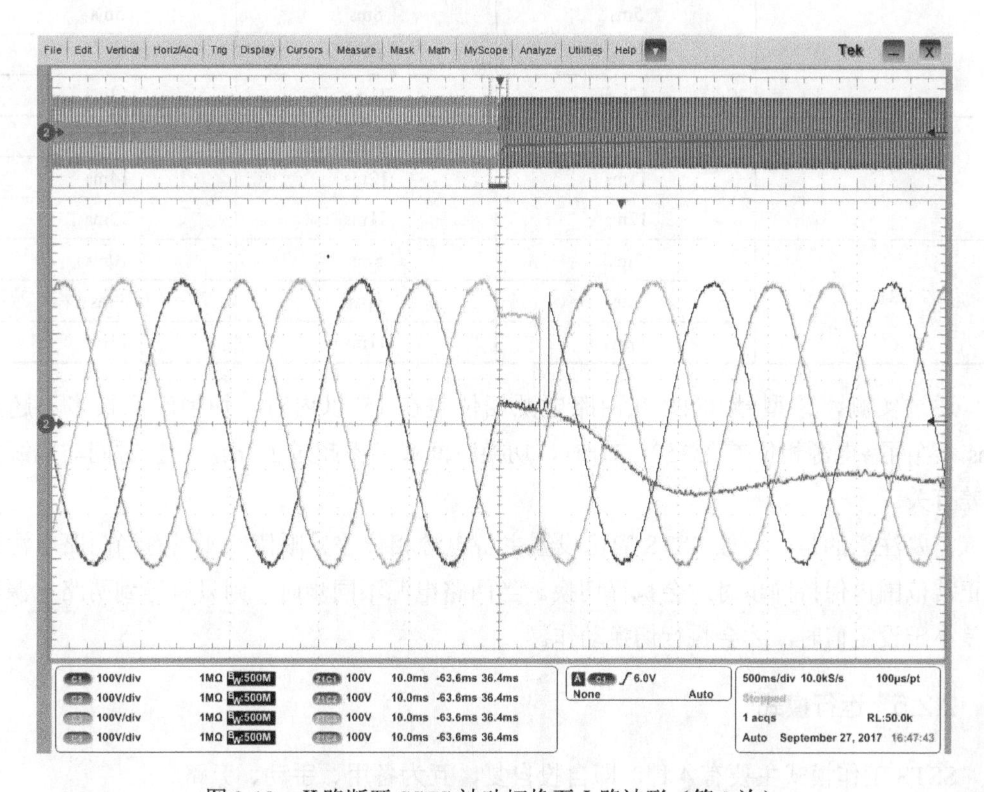

图 2-18 II 路断开 SSTS 被动切换至 I 路波形（第 3 次）

为进一步了解 SSTS 切换特性，在两路电源不同相位差下，测试 SSTS 两路电源间切换的性能。

测试内容为：在 SSTS 带载（功率因数为 0.8），Ⅱ路电源作为主供电源，且Ⅰ路与Ⅱ路电源的相位差分别为 0°、10°、16°、21°、31°情况下，断开Ⅱ路电源，试验重复三次。在两路电源不同相位差下，测试 SSTS 两路电源间切换的性能。各次试验测试结果如表 2-1 所示。

表 2-1　　SSTS 切换试验测试结果

电源相位差	A 相切换时间	B 相切换时间	C 相切换时间
0°	5ms	1ms	3ms
	6ms	1ms	3ms
	1ms	3ms	6ms
10°	4ms	5ms	1ms
	7ms	1ms	3ms
	1ms	3ms	6ms
13°	5.5ms	5.5ms	5.5ms
	6ms	6ms	6ms
	5ms	4ms	4ms
16°	5ms	8ms	5ms
	2ms	5ms	8ms
	17ms	11ms	13ms
21°	3ms	5ms	8ms
	17ms	12ms	14ms
	17ms	11ms	13ms
31°	2ms	5ms	10ms
	3ms	6ms	9ms
	17ms	11ms	13ms

通过实测，该型号 SSTS 在两路电源相位差在 15°以内时，切换时间最多不超过 7ms，当两路电源相位差在 15°～31°时，切换时间最多不超过 17ms，切换时间与电源相位差有关。

需要注意的是，一般 SSTS 应可设置主备电源相位差异限值，即只有当两路电源均在正常范围内保持同步时才会执行切换。当两路电源不同步时，则只有等到两路电源相位差小于设定值时，才会执行切换动作。

2.2.5　运行模式

SSTS 工作模式主要有 4 种，即自投自复、互为备用、手动、旁路。

（1）自投自复：正常运行，负载由主电源供电。主电源侧超限（电压、频率），自动切换到备用电源；主用电源恢复后，自动切回至主电源供电；需要注意的是，如果切换时两路电源不同步，则可根据预先设置，有两种动作方式：一种是直接快速切换至另一路电源；另一种方式是延时后再切换。

（2）互为备用。正常运行，负载将由主电源供电。主电源侧超限，自动切换到备用电源，主电源恢复后，不会自动切回至主电源供电。只有备用电源超限，自动切至主用电源。

（3）手动。通过模块状态显示屏，可手动操作主电源或备电源导通，将负荷在两路电源之间进行不间断切换。

（4）旁路。该模式主要用于 SSTS 设备本体检修；SSTS 标准配置内置的手动维护旁路开关，能将机内所有的可维护的部件进行隔离，在不中断负载供电的情况下可以安全地对设备进行检修。即使用户操作错误，也可以确保绝对不会使两路输入电源短接。当负载由 1 路电源供电时，如果用户误将 2 路电源的维护旁路开关闭合，则 SSTS 的逻辑控制电路会立即将负载切换至 2 路，以避免两路电源短路。此外，为尽量缩短维护时间，可以把 SSTS 切换到手动维护旁路，这样可在无需中断负载供电的前提下将整个静态模块（包含逻辑控制电路和电力模块）抽出进行热插拔更换。

（5）其他。特殊情况下 SSTS 可存在短路、过载运行模式。

短路运行模式：SSTS 如果检测到输出短路，将禁止切换，以免将短路故障扩散至另一路电源；同时 SSTS 的内部逻辑控制电路也会禁止切换，只有当短路电流降至限值以下，并且电压合格时，SSTS 才会允许切换。

过载运行模式：在发生输出过载时，SSTS 可继续运行一段时间，只有在断路器断开后或者出现了 SCR 的温度过高告警的情况，才会停止对负载的供电。以某型号 SSTS 为例，其过载能力如表 2-2 所示。

表 2-2　　SSTS 过载能力（示例）

过载	持续时间
110%	60mis
125%	10min
150%	2min
200%	20s
700%	1s
1200%	100ms

2.2.6　设备设计

重要场所对敏感负荷的供电可靠性要求极高，实现用户的零闪动、零感知，是供电保障的关键任务。近几年，固态切换开关 SSTS 以其切换时间快，可满足客户零闪动需求的突出特点，成为重要用户的典型末端应急保障设备。但随着户外应急供电需求的不断增加，例如以夏季奥运会、冬季奥运会等大型国际体育赛事为代表的重要场合，户外式临时保障设备的广泛应用成为必然，但室外恶劣环境也会影响保障装备的定制化研发。其中，SSTS 以晶闸管为核心器件，户外高温、多雨、多尘等复杂环境，极易对其性能造成影响。而现有 SSTS 配电设备因其防护等级低、温度适应性差等问题，多应用于计算机机房、数据中心等户内重要场所，并且需要空调伺服。

此外，现有 SSTS 配电设备的智能化水平尚无法完全支撑户外重要场所的应急供电，因此，需要结合户外重要场所的特种供电需求对已有 SSTS 模块进行定制化的升级改造。

本节以某户外重要活动用智能型 SSTS 设备为例，重点介绍了重要场所 SSTS 整机设计方法，增加进线、旁路、出线开关及其他辅助功能回路，有效支撑户外重要场所恶劣环境下重要负荷的高可靠供电保障。

1. 整机结构设计

某户外重要场所临时性负荷众多，且分区域聚集，结合实际负荷保障需求，可对 SSTS 系统电气设计为“一带四”（一台 SSTS 设备保障周围四个重要负荷点位）的供电保障模式。

户外智能型 SSTS 配电设备是适用于户外环境下的 0.4kV 双电源快速切换装置，设备基于 SSTS 模块，配置主、备 2 路进线开关、2 路手动维修旁路开关、1 路总出线开关及 4 路馈线开关。以 400A 容量为例，SSTS 一次方案接线如图 2-19 所示。

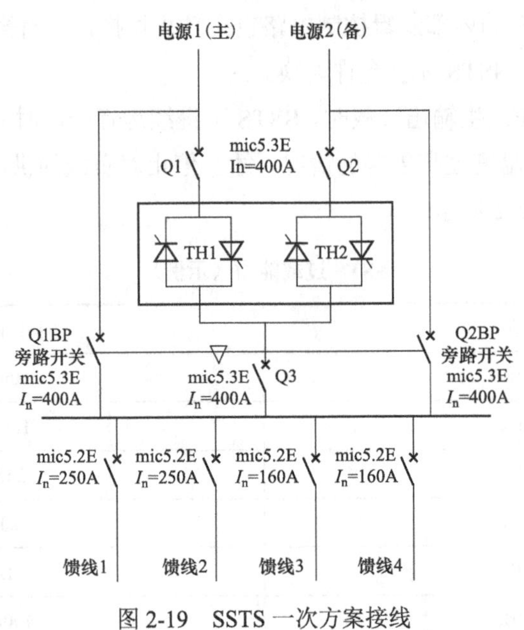

图 2-19　SSTS 一次方案接线

SSTS 配电设备主要由进线开关室、SSTS 模块室、出线开关室、监测室、通信室组成，如图 2-20 所示。本设备以 SSTS 模块为核心元件，配置主、备 2 路进线开关，分别接入 2 路独立的电网电源和 2 路手动维修旁路开关，分别作为 SSTS 模块的主、备维修旁路，满足模块维护及应急供电需求，设置 1 路总出线开关及 4 路馈线开关，满足用户的负荷接入需求。双电源转换设备一般应用于负荷末端，额定电流不应大于主回路的最大持续工作电流。

2. 设备模块选择

（1）SSTS 模块。SSTS 模块是户外式 SSTS 箱的核心元器件，在户外重要场所用时需保证设备的高稳定性、高可靠性，能够有效实现最快毫秒级的两路电源间切换。SSTS 可采用双冗余的微处理器控制板卡，所有的辅助逻辑电源和可控硅触发电路亦采用冗余设计。

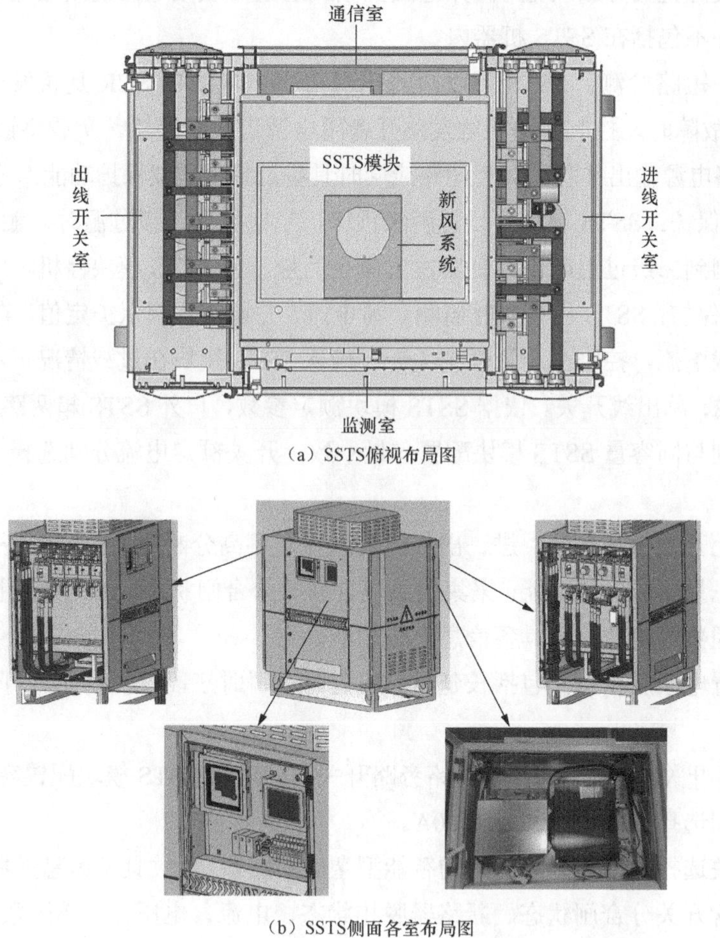

（a）SSTS俯视布局图

（b）SSTS侧面各室布局图

图 2-20 SSTS 各室布局示意

SSTS 模块集成两组晶闸管及散热器、控制器、显示屏等元件，能够通过控制器实时监测模块运行状态，设置电压超限限值、运行方式等参数，并进行异常状态下故障预警。

SSTS 的前级和后级都应安装保护装置，以保护电缆和负载，保护装置可以是自动开关、熔丝或断路器。保护装置的选择应参考 SSTS 的电流容量、过载能力、内部熔丝规格，以及后端负载情况。

1）内部熔丝。SSTS 在每路电源输入端都配有熔丝，这些熔丝的主要作用是保护 SSTS 自身内部电路的安全，在 SSTS 后级即负载侧发生永久性短路时起到保护作用。当然，对于 SSTS 负载侧保护装置的规格型号，用户还应合理配置，以保障前后保护匹配性。

2）回馈保护控制。当一路电源正在为负载供电时，如果发生备用电源（即未带负载的一路电源）静态开关的晶闸管短路（发生可能性极低），为确保不会在备用电源输入端产生回馈电击危险，可考虑引入回馈保护控制。

例如，在 SSTS 用户接口处可设置两常闭干接点，当检测回路有馈出电压时，可以使之激活触发外置的分断装置（例如电磁机械式继电器或微电压脱扣继电器）。这些外置的分断装置并不包括在 SSTS 机器内。

3）SCR 短路检测。SSTS 可以检测出当前供电电源的 SCR 是否发生短路，当发生 SCR 短路故障时，控制回路将触发跳开备用电源进线断路器，负载将锁定在主电源，防止发生两路电源输出并联。SCR 短路应同时具备过温及过载保护功能，分别定义如下：

a）过温保护：SSTS 模块可设置两级预警，当检测到一级过温时，触发控制器过温预警；当检测到二级过温时由控制器发出命令信号，使 SSTS 模块停机。

b）过载保护：SSTS 内可实时监测负荷电流，并设定内部保护定值，在相应时间内，切断相应过载电流，控制晶闸管强制关断，确保 SSTS 模块在过载情况下不损坏。

（2）进线、总出线开关。依据 SSTS 模块额定参数，户外 SSTS 箱两路进线开关及总出线开关分别与同容量 SSTS 模块配置容量一致，开关额定电流分别选择 200A、400A、600A。

针对以上开关额定参数，进、出线开关选择具备高分断能力的智能型塑壳断路器，开关具备信息量集成上传功能，采集信息包含开关分合闸状态、断路器脱扣状态、电流、电压、功率因数等参数，并具备信息上传功能。

开关配置电子脱扣器，包括长延时、短延时、瞬时三段保护功能。可通过控制器进行定值调整。

（3）旁路开关。户外 SSTS 箱两路旁路开关与同容量 SSTS 模块配置容量一致，开关额定电流分别选择 200A、400A、600A。

旁路开关选择具备高分断能力的智能型塑壳断路器，开关具备信息量集成上传功能，采集信息包含开关分合闸状态、断路器脱扣状态、电流、电压、功率因数等参数，并具备信息上传功能。两旁路开关间设置机械互锁，不能同时合闸。

开关配置电子脱扣器，包括长延时、短延时、瞬时三段保护功能。可通过控制器进行定值调整。

（4）馈线开关。户外 SSTS 设置 4 路馈线开关，开关额定电流结合设备容量及实际负荷配置，开关选择具备高分断能力的智能型塑壳断路器，具备信息量集成上传功能，采集信息包含开关分合闸状态、断路器脱扣状态、电流、电压、功率因数等参数，并具备信息上传功能。

开关配置电子脱扣器，包括长延时、短延时、瞬时三段保护功能。可通过控制器进行定值调整。

（5）新风系统。户外 SSTS 箱主要发热元件为 SSTS 模块，依据 SSTS 模块热损耗选择新风系统容量。

3. 智能监测设计

户外 SSTS 箱内配置智能监测单元，采集 SSTS 模块运行参数、设备开关状态、隔室温湿度等设备运行数据和环境信息，并记录 SSTS 切换动作及原因，为故障研判提供数据支撑。SSTS 智能监测实物布局如图 2-21 所示。

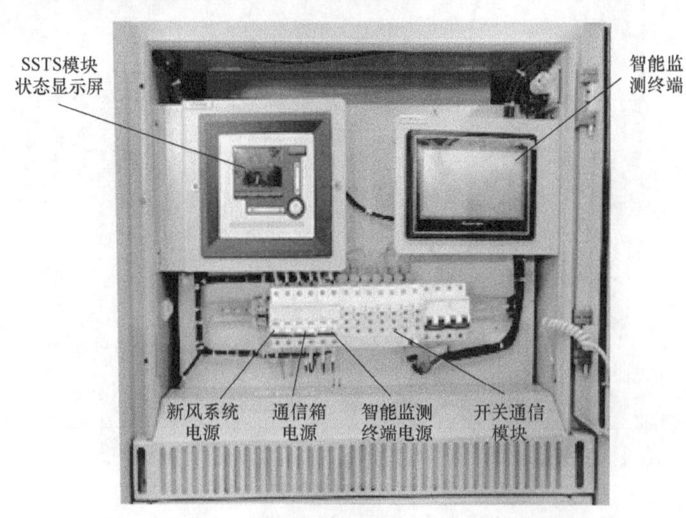

图 2-21　SSTS 智能监测实物布局

同时，通信系统可采用有线光纤、无线 4G/5G、LTE230 电力专网等通信方式将数据上传至监控中心，能够远程监视设备的正常运行状态及异常状态预警，实现与现场保障人员的互动，提高保障工作可靠性。SSTS 智能监测示意如图 2-22 所示。

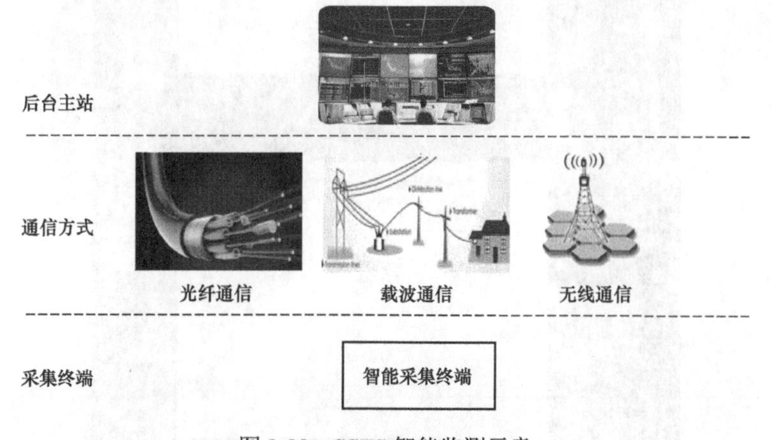

图 2-22　SSTS 智能监测示意

当重要场所多个负荷点位安装有 SSTS 设备时，其设备自身状态信息、箱体环境信息均可以本地、远程的方式上传至后台主站，供决策者研判设备健康状态信息，进而科学合理地制定相应的现场运维保障策略。SSTS 智能监测效果如图 2-23 所示。

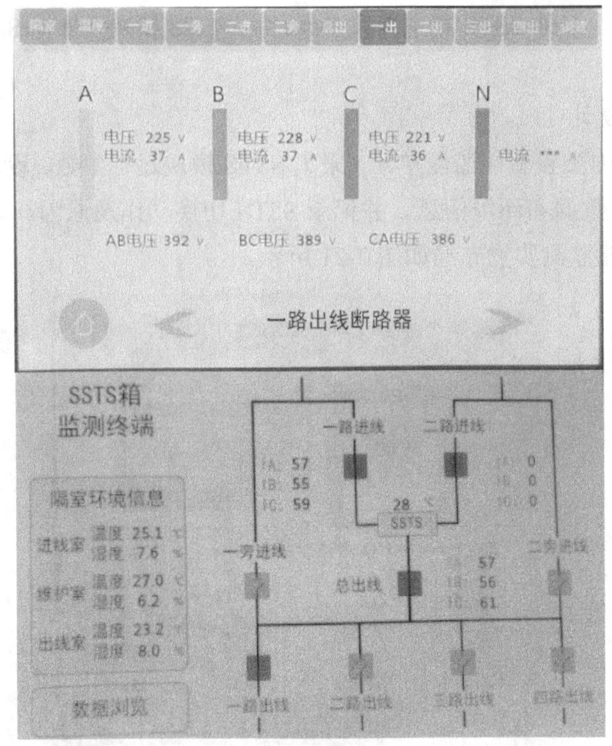

（a）本地监测

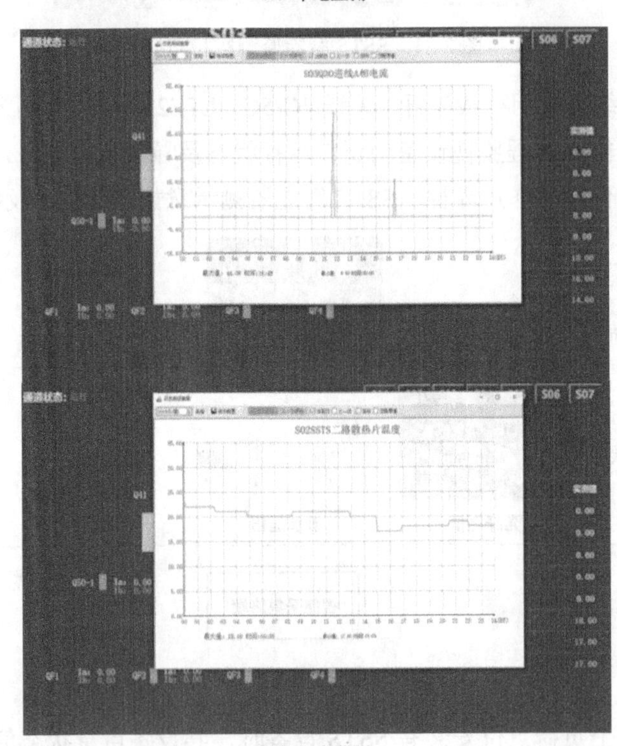

（b）远方监测

图 2-23　SSTS 智能监测效果

4. 防护设计

由于 SSTS 内部部件较为精密，其运行环境相对 ATS 而言要求更为严苛，温度过高、过低均会影响其内部元器件正常运行，如果部署于户外重要场所对负荷进行应急供电保障，势必要求设备具备较高的防护等级，从而满足设备在户外运行环境下的防雨、防尘、通风及隔热需求，并维持内部元件的正常运行温度，保证 SSTS 模块稳定运行。

在防雨、防尘方面，SSTS 箱体完全依据户外配电设备标准进行设计。在通风散热方面，SSTS 箱体内部可采用隔板进行空间分隔，利用本体散热系统和新风系统，构成两个独立的通风系统，实现通风效率的最大化。SSTS 通风散热结构布局如图 2-24 所示。

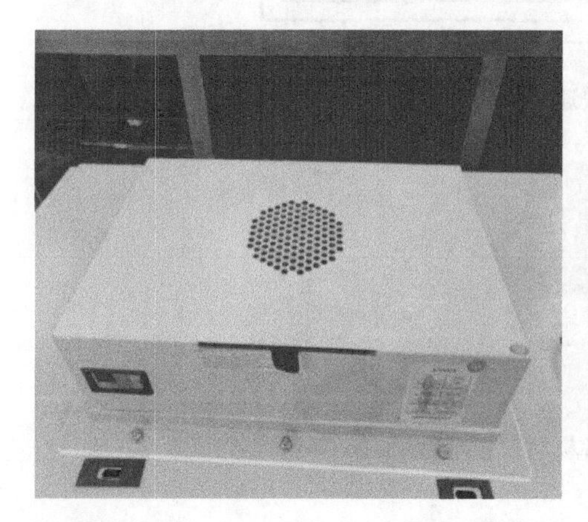

图 2-24　SSTS 通风散热结构布局

同时，为避免季节性环境变化对装置本身的运行特性影响，例如针对户外夏季强太阳辐射、高温的重要场所高可靠供电保障环境，可对设备结构形式进行定制化专项设计，避免太阳辐射对于内部元件的温升影响。为确保 SSTS 模块稳定运行，可进行多轮对比试验和户外强太阳辐射下的挂网验证。

5. 转场设计

某些特殊重要场所，例如由若干子活动组成的重大活动现场，则面临较多不同临电负荷的迅速撤离、转场以及快速接入，这势必要求设备具备相应的配套设计以支撑转场的特殊保障需求。

（1）应急电源快接。设备进线侧预留快速预制式工业插接底座，实现进线电缆的快速接入，缩短安装时间，提高现场工作效率，有效支撑重要场所 SSTS 设备的迅速转场。电缆快速接入设计示意如图 2-25 所示。

（2）机动安装。可根据现场情况采用固定或可移动两种不同的安装方式。可配置底盘车或万向轮，根据工作需要可随时移动。设备机动设计示意如图 2-26 所示。

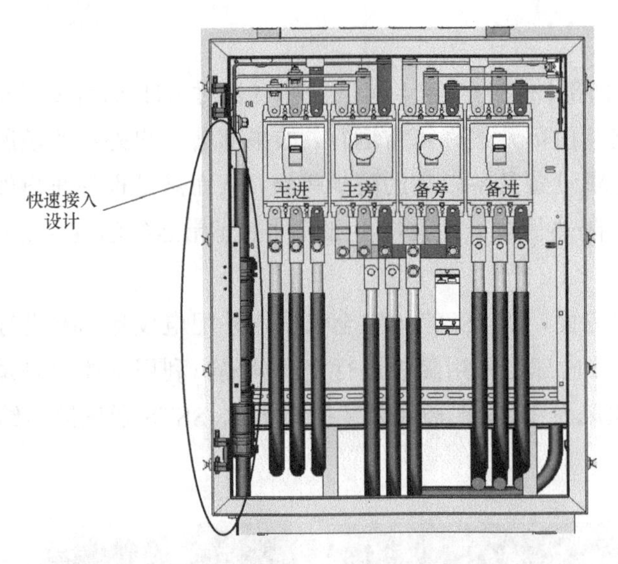

图 2-25 电缆快速接入设计示意

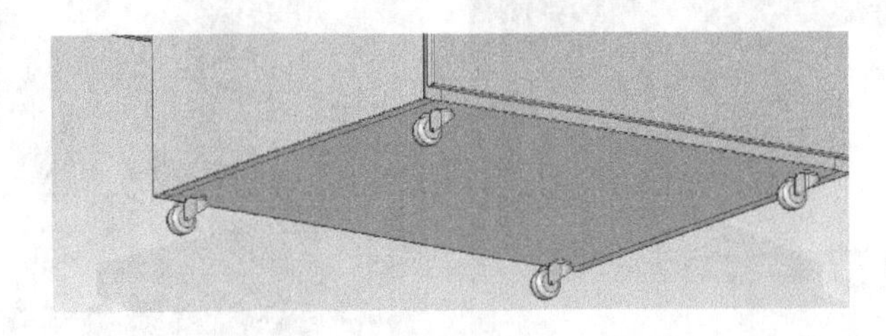

图 2-26 设备机动设计示意

（3）临时转场步骤。重要场所电力保障用 SSTS 在运行过程中，如需要转移应用场地，可参考如下步骤进行：

1）停电后，进行验电，确认进、出线侧无电；

2）标记一路进线、二路进线、馈线电缆，并标明相别；

3）拆除进线、出线电缆；

4）解除设备刹车，使用底部万向轮移动设备至指定安装地点；

5）踩下刹车，将设备固定；

6）按照标记正确连接进、出线电缆；

7）对设备进行简要测试：

检查所有导线搭接点螺栓是否松动，对所有螺栓进行紧固；

检查两路电源进线、出线电缆相序是否正确，有无短路情况；

8）送电，检查设备是否运行正常。

2.2.7 典型试验

SSTS 在实验室的研发阶段，需要的电气特性测试项目较多，主要测试设备是否可以达到某些参数设置的限值要求。本节简要列举旁路、移相、调压、过载等试验项目。

（1）旁路试验。

测试方案：

SSTS 设备正常工作时，将电源 1 切换至其旁路，再将其从旁路切换至电源 1；将电源 2 切换至其旁路，再将其从旁路切换至电源 2。由于晶闸管有 0.7～1V 的压降，故可通过切换过程中的电压偏差，分别记录每次切换时的波形。试验原理如图 2-27 所示。

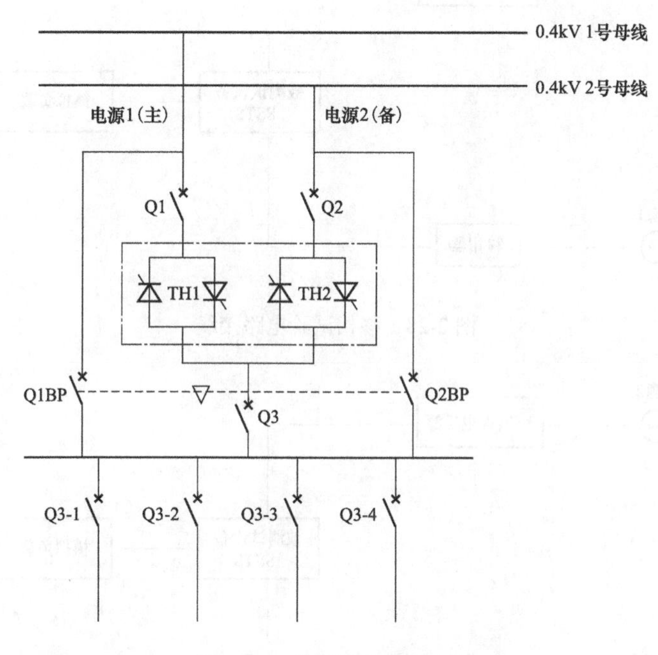

图 2-27　旁路试验接线原理

一般性结论：

在切换至旁路的过程输出电压平稳。

（2）移相试验。

测试方案：

利用移相器调节电源 1 和电源 2 之间的相位差，模拟“电源 1 故障切换至电源 2”和“电源 2 故障切换至电源 1”两种情况，分别测试不同系列相位差（例如 0°、5°、10°、15°、20°、25°、30°、35°）的切换时间，并利用电能质量测试仪记录试验波形。试验原理如图 2-28 所示。

一般性结论：

当相位差小于限值可通过 SSTS 面板进行手动切换。若主路电源故障时，即使相位差大于限值或备用电源的电压、频率超过限值，SSTS 设备仍可自动切换至备用电源。

（3）调压试验。

测试方案：

在电源 1 电压维持不变的情况下，利用可编程电压源升高或降低电源 2 的电压，验证 SSTS 设备限值设定的电压范围是否满足要求，并利用电能质量测试仪记录试验波形。试验原理如图 2-29 所示。

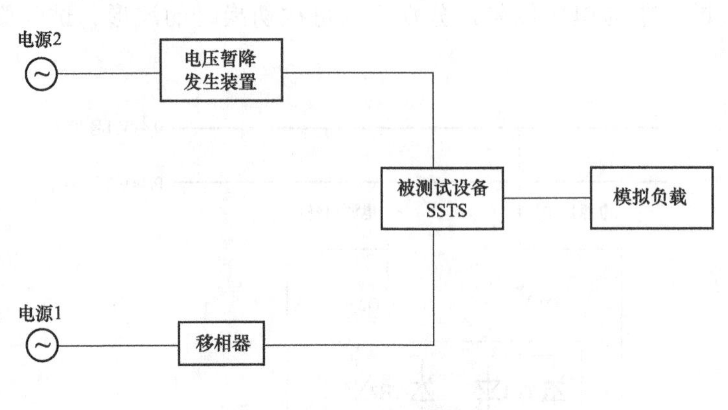

图 2-28　移相试验电路接线

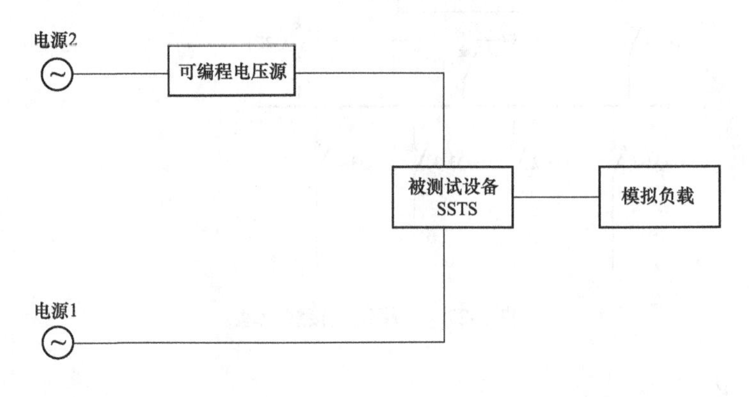

图 2-29　调压试验电路接线

一般性结论：

某一路电源电压超过限值设定，将自动切换。

（4）过载试验。

测试方案：

在电源 1、2 电压维持不变的情况下，调节负载侧可调负载参数，验证 SSTS 设备在系列不同过载功率（110%、125%、150%、200%、700%、1200%）工况下时的持续运行时间是否满足要求，并利用电能质量测试仪记录试验波形。过载试验电路接线如图 2-30 所示。

一般性结论：

SSTS 在不同的过载功率工况下的持续时间应满足设计参数。

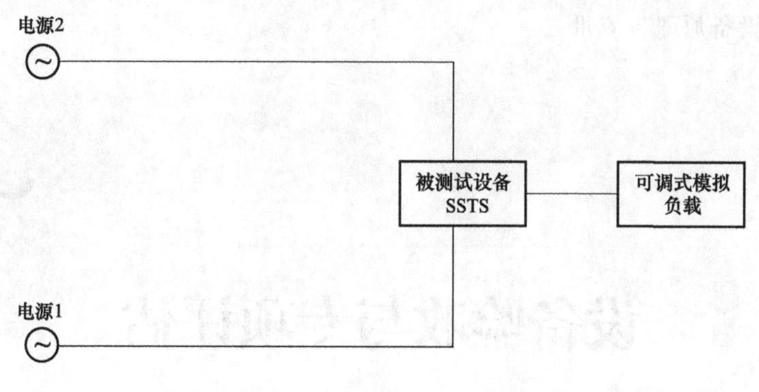

图 2-30　过载试验电路接线

3

设备验收与专项评估

重要场所供电保障的标准较高，所用的双电源切换设备得适用于重要场所严苛的应用环境，这势必对运行保障人员也提出了更高的要求。为严把设备质量关，在设备正式投运前可对设备开展现场验收、专业验收和运维验收等环节；此外，在设备投运后，还可对双电源切换设备进行专项评估，以及时掌握设备关键模块的健康状态信息，进而有针对性提升日常运维质量。相对基于机械开关的 ATS 设备，SSTS 内部模块更为精密，现场运维评估更为复杂，本节拟以 SSTS 为例重点论述双电源切换设备的验收评估内容，ATS 可参考执行。

3.1 现场验收

本节主要论述低压双电源切换设备的现场调试与验收的要求，适用于标称电压为 1kV 及以下，标称频率为 50Hz 的三相交流电力系统配电领域。

涉及的主要引用文件如下。

DL/T 1226—2013《固态切换开关技术规范》。

GB/T 7251.1—2013《低压成套开关设备和控制设备》。

GB/T 7251.5—2017《低压成套开关设备和控制设备》。

GB/T 4208—2017《外壳防护等级（IP 代码）》。

GB/T 14048.1—2012《低压开关设备和控制设备》。

GB/T 14048.1—2017《低压开关设备和控制设备》。

Q/GDW 1375.3—2013《电力用户用电信息采集系统型式规范》。

Q/GDW 11413—2015《配电自动化无线公网通信模块技术规范》。

3.1.1 现场验收项目及方法

1. 验收试验项目

验收试验是双电源切换设备在投运前所需进行的试验，检验设备在运输中是否受到损伤和检验装置功能是否正常；试验项目应包括但不局限于表3-1所示的试验项目。

表3-1 SSTS试验项目

序号	试验项目	现场验收试验
1	外观结构与功能检查	√
2	防护等级检查	√
3	电气间隙和爬电距离	√
4	保护电路完整性	√
5	元件的组合	√
6	介电性能	√
7	核相试验	√
8	切换试验	√
9	定值检查与传动试验	√

2. 外观结构与功能检查

用目测和仪器测量的方法进行，装置外观结构与功能应符合下列规定：

（1）箱体外观完好无破损、箱体铭牌、元件标识应齐全，标识、铭牌参数等应标注清晰，数据正确；装置的铭牌至少应有下列内容：①名称和型号；②额定电压，kV；③额定电流，A；④防护等级；⑤适用标准；⑥出厂编号。

（2）箱体内部接线规整，无甩线及多余线头。

（3）开关安装牢固，电气部分应清洁完好，调度号牌齐全。

（4）所选用导线及母线的颜色应符合相关标准的要求。

（5）检查电缆连接是否正确与稳固，所有的螺栓已紧固，无松动。

（6）设备各显示屏状态显示正确，无异常报警现象。显示内容如下：①供电电源工作状态；②各路独立电源的电压、电流；③负荷侧的电压、电流；④晶闸管工作状态（导通、关断）；⑤塑壳断路器分、合、脱扣状态；⑥进线、出线、旁路电流、电压；⑦主要通信口的通信状态；⑧主要隔室温、湿度；⑨进、出线电缆接点温度。

（7）通信状态指示灯显示正确。

（8） 试分合开关应顺畅无卡涩、脱扣器动作应正确，开关运行后应无异音。

（9） 主、备旁路开关闭锁关系良好，两路旁路开关不能同时合闸。

（10）新风系统及SSTS模块风扇应运行正常。

3. 防护等级检查

不要求规定特征数字时，由字母“X”代替，（如果两个字母都省略则用“XX”表示）；

附加字母和（或）补充字母可省略，不需代替；

当使用一个以上的补充字母时，应按字母顺序排列；

当外壳采用不同安装方式提供不同的防护等级时，制造厂应在相应的安装方式的说明书上表明该防护等级。特征数字防护等级说明见表 3-2。

表 3-2　　特征数字防护等级说明

第 1 位特征数字	说明（防止固体异物进入）	第 2 位特征数字	说明（防止水进入）	附加字母	说明（防止接近危险部件）	补充字母	说明（补充信息）
0	无防护	0	无防护	A	手背	H	高压设备
1	≥直径 50mm	1	垂直滴水	B	手指	M	做防水试验时试样运行
2	≥直径 12.5mm	2	15°滴水	C	工具	S	做防水试验时试样静止
3	≥直径 2.5mm	3	淋水	D	金属线	W	气候条件
4	≥直径 1.0mm	4	溅水				
5	防尘	5	喷水				
6	尘密	6	猛烈喷水				
		7	短时间浸水				
		8	连续浸水				
		9	高温/高压喷水				

注　同等条件下，户外重要场所的双电源切换设备防护等级高于户内。

4. 电气间隙和爬电距离

电气间隙和爬电距离的规范要求：均不小于 20mm。若因电器元件接线端子原因而小于 20mm 时，必须采取绝缘保护措施，如加防护盒等，但间距不应小于 10mm，爬电距离不应小于 12.5mm。

5. 保护电路完整性

（1）保护电路连续性措施应可靠。

（2）装置有明显的接地保护点和接地标识。

（3）检查接地螺钉和螺栓的紧固度。

6. 元件的组合

（1）装入成套设备的元件应符合相关的国家标准。

（2）装置各部件安装位置正确，连接紧固（铆装、螺装），整体不变形，不扭曲。

（3）装置喷涂层应具有良好的附着力，不应有皱纹、流痕、起泡、杂质、刷痕、透底色等缺陷；色泽应均匀，在阳光不直接照射下，距柜体 1.0m 处目测时，同批装置及并列使用的装置不应有明显的色差。

（4）装置门开启应能灵活启闭，启闭中不得擦漆，且不应有明显的抖动，开启角度应大于 90°（特殊要求除外）。

7. 介电性能试验

（1）工频耐压试验。根据产品的额定绝缘电压，主电路以及连接到主电路的辅助电路和控制电路应承受表3-3中给出的试验电压值。

表3-3　主回路工频耐压试验电压值

施加部位	介电试验电压（V）
相对地	1890
相间	1220
输入对输出	610

注　进行工频耐压试验时，应拉开SSTS模块本体风扇和控制回路的熔断器。

（2）绝缘电阻试验。应用电压为交流1000V的绝缘电阻测试仪进行绝缘测量。测量部位：相间；相导体与裸露导电部件之间。要求：绝缘电阻≥1000Ω/V，则此项试验通过。

8. 核相试验

使用核相器对设备进出线电缆进行核相，检查电缆连接正确性。

9. 切换试验

验证SSTS在设定运行方式下，能否正确切换，并使用录波仪记录切换时间，切换时间小于在一个周波，甚至在半个周波内。双电源切换设备接线如图3-1所示。

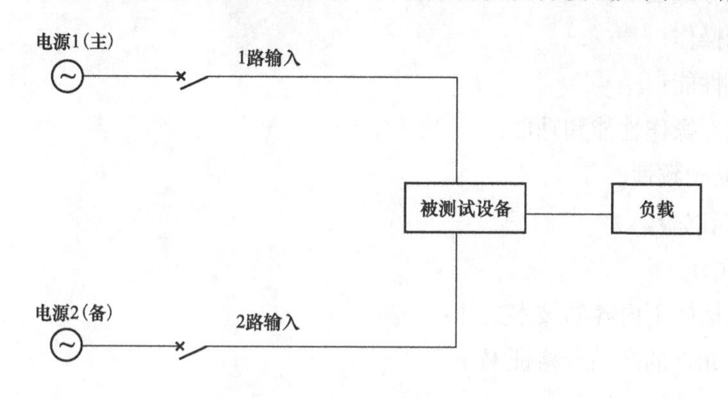

图3-1　双电源切换设备接线图

（1）接入两路输入电源，双电源切换设备正常启动，由主用电源供电，输出正常。

（2）断开主用电源侧上级开关，设备自动切换至备用电源，使用录波仪记录切换时间。

（3）如设备设置自投自复模式下：

将主用电源上级开关重新合闸，设备将自动回切至主用电源侧，使用录波仪记录切换时间；手动将设备切换至备用电源侧，断开备用电源侧上级开关，设备自动切换至主用电源，使用录波仪记录切换时间。

（4）如设备设置在自投不自复模式下：

将主用电源上级开关重新合闸，设备将不会回切至主用电源侧；断开备用用电源上级开关，设备自动切换至主用电源，使用录波仪记录切换时间。

10. 定值检查与传动试验

（1）装置的保护定值设置应与预制的定值单相符。

（2）设定装置在自投自复、自投不自复、手动等不同运行模式下，装置应显示正确，动作正常，通信功能正常。

（3）与后台主站间通信正常，并可靠传输点表中两遥信息内容。

3.1.2 资料检查

1. 试验报告

每台 SSTS 箱在验收时应具备出厂试验报告，并且应包含如下项目：

（1）成套设备的防护等级；

（2）电气间隙和爬电距离；

（3）电击防护和保护电流完整性；

（4）开关器件和元件组合；

（5）内部电路和连接；

（6）外接导线端子；

（7）机械操作；

（8）介电性能；

（9）布线，操作性能和功能；

（10）产品一致性；

（11）功能试验。

2. 技术文件

应提供包括如下内容的技术文件：

（1）主要元件的产品合格证书；

（2）产品文件资料清单；

（3）成套设备设计图纸；

（4）备品备件清单。

3.2 运行与专业验收

作为重要场所保障用核心电气设备，SSTS 在交付现场保障团队前需对其进行验收。考虑到重要场所一线运行人员的保障需求，并结合专业掌握程度，验收可简单分为保障用运行（运维）验收与专业验收两类。其中前者较为简单，验收范围主要用于支撑保障人员熟悉并掌握现场运行操作能力；后者较为复杂，需要专业人员进行有针对性的验收，主要用于确保交付保障团队前 SSTS 设备的功能、性能的完备性与可靠性。

3.2.1 运维验收

SSTS 运行（运维）验收主要是验收电气设备的基本性能，满足基本运行即可。包括保障团队验收正常运行的状态、故障运行的状态，明确各类开关、按钮含义、位置及功能，指示灯含义，其内容可参考表 3-4 所示。

表 3-4　　保障团队 SSTS 箱验收质量控制卡

验收人员：							验收日期：				
类型	基本信息表										
箱体	SSTS 箱编号						厂家				
	地址						投运日期				
上级开关	站室名称		低压母线	调度号	路名	型号			开关容量		厂家
进线开关	调度号	路名	型号	厂家	出厂日期	额定容量	开关长延时定值	长延时时间	开关短延时定值	短延时时间	开关瞬时定值
	401										
	402										
旁路开关	调度号	用户名称及负荷	型号	厂家	出厂日期	额定容量	开关长延时定值	长延时时间	开关短延时定值	短延时时间	开关瞬时定值
	401-1										
	402-1										
总出线开关	调度号	用户名称及负荷	型号	厂家	出厂日期	额定容量	开关长延时定值	长延时时间	开关短延时定值	短延时时间	开关瞬时定值
	301										
出线开关	调度号	用户名称及负荷	型号	厂家	出厂日期	额定容量	开关长延时定值	长延时时间	开关短延时定值	短延时时间	开关瞬时定值
	311										
	312										
	313										
	314										
电缆	电缆型号						主用路长度				
	试验日期						备用路长度				

续表

保护/自动化	模块厂家		型号	
	投运日期		投切时间	
	保护/自动化验收意见			
SSTS 箱验收明细				
注意事项			是否合格	备注
SSTS 箱图纸资料应齐备，具备合格证书				
SSTS 箱外观应完好无破损、箱体外观标识标牌应齐全，底部万向轮应能可靠锁定				
箱体内部接线规整，无甩线及多余线头，箱体封堵应严密、接地应良好				
开关安装牢固，调度号牌齐全				
试分合开关应顺畅无卡涩、脱扣器动作应正确，开关运行后应无异音				
所有的螺栓已紧固，无松动				
旁路开关闭锁功能应完备				
新风系统及 SSTS 模块风扇应运行正常				
显示屏各种状态均正常，无异常报警现象				
进、出线开关室铜排、电缆接头等带电部位应有防护板				
进出线开关定值应整定完毕、自投传动关系应正确				
电缆应有正式标识牌，同时应与开关本体牢固连接，无受力				
箱体内应设置电缆固定点，用于进出线电缆固定，发电前电缆应试验合格				
自动化等通信模块工作正常、指示灯正确				
每座 SSTS 箱柜门侧面应有模拟图				
验收结果				
验收结论				
验收人员签字			团队长签字	

3.2.2 专业验收

SSTS 专业验收主要是按照技术规范验收电气设备的全部性能，可简要分为一次专业验收、二次专业验收。

其中 SSTS 一次专业验收主要是偏向于硬件，包括接线情况、机械闭锁、开关分合闸是否有卡涩，以及螺丝的紧固力矩、接地等性能，其专业作业指导书可参考表 3-5～表 3-9；二次专业验收主要侧重于自动化方面，如三遥、开关的定值、设备的性能关系等，其专业验收作业指导书可参考表 3-10～表 3-15。

1. 专业验收作业指导书（一次）

（1）绝缘测试。

表 3-5 绝缘测试

检查内容	标准	试验结果
用 1000V 摇表对 SSTS 箱进行绝缘测试	要求大于 10MΩ	合格、不合格

（2）开关手动分合闸检查，维修旁路开关钥匙闭锁关系检查。

表 3-6 开关手动分合闸检查

内容	检查结果
检查 SSTS 箱各个开关分、合、脱扣是否良好	合格、不合格
主备维修旁路开关不能同时合闸，闭锁关系是否良好	合格、不合格

（3）箱体地线网引入端子（N、PE）连接检查。

表 3-7 箱体地线网引入端子（N、PE）连接检查

内容	检查结果
箱体地线网的 N 连接检查	合格、不合格
箱体地线网的 PE 连接检查	合格、不合格

（4）环境检查。

表 3-8 环境检查

内容	检查结果
螺栓是否紧固，标识是否清晰	合格、不合格
壳体是否完好	合格、不合格
箱体内部应清洁无异物	合格、不合格

（5）检验结论。

表 3-9 检验结论

（该空白处填写发现问题及处理情况、遗留问题、可否投运等）					
试验日期		试验负责人		审核人	
试验人员					
运行人员					

2. 专业验收作业指导书（二次）

（1）开关特性试验。

表 3-10 开关定值（含时间）

型号		调度号	过载长延时 Ir	过载短延时 Isd	瞬时 Ii
进线	NSX400N	401			
	NSX400N	402			
旁路开关	NSX400N	401-1			
	NSX400N	402-1			
总出线	NSX400N	301			
出线	NSX250N	311			
	NSX250N	312			
	NSX160N	313			
	NSX160N	314			
备注					

表 3-11 特 性 测 试

型号		调度号	过载测试电流值	过载时间	速断测试电流值	速断时间	测试结果
进线	NSX400N	401					合格、不合格
	NSX400N	402					合格、不合格
旁路开关	NSX400N	401-1					合格、不合格
	NSX400N	402-1					合格、不合格
总出线	NSX400N	301					合格、不合格
出线	NSX250N	311					合格、不合格
	NSX250N	312					合格、不合格
	NSX160N	313					合格、不合格
	NSX160N	314					合格、不合格
备注							

（2）自动化传动。

表 3-12 遥 信 量 测 试

需送的量		调度号	开关位置		事故总		开关脱扣故障跳闸	
遥信量	主进线	401	分□/合□	备注：	动作□/复归□	备注：	动作□/复归□	备注：
	主进线	402	分□/合□	备注：	动作□/复归□	备注：	动作□/复归□	备注：
	旁路	401-1	分□/合□	备注：	动作□/复归□	备注：	动作□/复归□	备注：
	旁路	402-1	分□/合□	备注：	动作□/复归□	备注：	动作□/复归□	备注：
	出线	301	分□/合□	备注：	动作□/复归□	备注：	动作□/复归□	备注：
	出线	311	分□/合□	备注：	动作□/复归□	备注：	动作□/复归□	备注：
	出线	312	分□/合□	备注：	动作□/复归□	备注：	动作□/复归□	备注：
	出线	313	分□/合□	备注：	动作□/复归□	备注：	动作□/复归□	备注：
	出线	314	分□/合□	备注：	动作□/复归□	备注：	动作□/复归□	备注：

续表

需送的量		信号变位	
遥信量	智能监测单元交流失电告警	动作□/复归□	备注：
	主通道断	动作□/复归□	备注：通道断告警
	备用通道断	动作□/复归□	备注：通道断告警
	进线开关室温度告警	动作□/复归□	备注：70℃
	SSTS 室温度告警	动作□/复归□	备注：50℃
	出线开关室温度告警	动作□/复归□	备注：70℃
	电缆头温度告警（总）	动作□/复归□	备注：90℃
	进线开关室烟感告警	动作□/复归□	备注：
	SSTS 箱烟感告警	动作□/复归□	备注：
	出线开关室烟感告警	动作□/复归□	备注：
	401 进线晶闸管导通	动作□/复归□	备注：
	402 进线晶闸管导通	动作□/复归□	备注：
	进线开关室门	动作□/复归□	备注：开门 1，关门 0
	通信室门	动作□/复归□	备注：开门 1，关门 0
	出线开关室门	动作□/复归□	备注：开门 1，关门 0
	监测室门	动作□/复归□	备注：开门 1，关门 0

表 3-13　　遥测量测试

项目		实传数据及结论（“主站数值”与“表记数值”的误差≤5%）					
401	线电压	主站数值 AB： 表记数值 AB：	备注：	主站数值 BC： 表记数值 BC：	备注：	主站数值 AC： 表记数值 AC：	备注：
	相电流	主站数值 A： 模拟数值 A：	备注：	主站数值 B： 模拟数值 B：	备注：	主站数值 C： 模拟数值 C：	备注：
	电缆头温度	主站数值 A： 表记数值 A：	备注：	主站数值 B： 表记数值 B：	备注：	主站数值 C： 表记数值 C：	备注：
	低压开关输入频率	主站数值 f： 表记数值 f：	备注：				
	401 进线模块温度	主站数值： 表记数值：	备注：				
402	线电压	主站数值 AB： 表记数值 AB：	备注：	主站数值 BC： 表记数值 BC：	备注：	主站数值 AC： 表记数值 AC：	备注：
	相电流	主站数值 A： 模拟数值 A：	备注：	主站数值 B： 模拟数值 B：	备注：	主站数值 C： 模拟数值 C：	备注：
	电缆头温度	主站数值 A： 表记数值 A：	备注：	主站数值 B： 表记数值 B：	备注：	主站数值 C： 表记数值 C：	备注：
	低压开关输入频率	主站数值 f： 表记数值 f：	备注：				

续表

项目		实传数据及结论（“主站数值”与“表记数值”的误差≤5%）					
402	402 进线模块温度	主站数值： 表记数值：	备注：				
401-1	相电流	主站数值 A： 模拟数值 A：	备注：	主站数值 B： 模拟数值 B：	备注：	主站数值 C： 模拟数值 C：	备注：
401-2	相电流	主站数值 A： 模拟数值 A：	备注：	主站数值 B： 模拟数值 B：	备注：	主站数值 C： 模拟数值 C：	备注：
3#母线	线电压	主站数值 AB： 表记数值 AB：	备注：	主站数值 BC： 表记数值 BC：	备注：	主站数值 AC： 表记数值 AC：	备注：
301	相电流	主站数值 A： 模拟数值 A：	备注：	主站数值 B： 模拟数值 B：	备注：	主站数值 C： 模拟数值 C：	备注：
	零线电流	主站数值 N： 模拟数值 N：	备注：				
	负载率	主站数值 A： 模拟数值 A：	备注：				
出线	311 相电流	主站数值 A： 模拟数值 A：	备注：	主站数值 B： 模拟数值 B：	备注：	主站数值 C： 模拟数值 C：	备注：
	312 相电流	主站数值 A： 模拟数值 A：	备注：	主站数值 B： 模拟数值 B：	备注：	主站数值 C： 模拟数值 C：	备注：
	313 相电流	主站数值 A： 模拟数值 A：	备注：	主站数值 B： 模拟数值 B：	备注：	主站数值 C： 模拟数值 C：	备注：
	314 相电流	主站数值 A： 模拟数值 A：	备注：	主站数值 B： 模拟数值 B：	备注：	主站数值 C： 模拟数值 C：	备注：
	311 相电压	主站数值 A： 表记数值 A：	备注：	主站数值 B： 表记数值 B：	备注：	主站数值 C： 表记数值 C：	备注：
	312 相电压	主站数值 A： 表记数值 A：	备注：	主站数值 B： 表记数值 B：	备注：	主站数值 C： 表记数值 C：	备注：
	313 相电压	主站数值 A： 表记数值 A：	备注：	主站数值 B： 表记数值 B：	备注：	主站数值 C： 表记数值 C：	备注：
	314 相电压	主站数值 A： 表记数值 A：	备注：	主站数值 B： 表记数值 B：	备注：	主站数值 C： 表记数值 C：	备注：
	311 电缆头温度	主站数值 A： 表记数值 A：	备注：	主站数值 B： 表记数值 B：	备注：	主站数值 C： 表记数值 C：	备注：
	312 电缆头温度	主站数值 A： 表记数值 A：	备注：	主站数值 B： 表记数值 B：	备注：	主站数值 C： 表记数值 C：	备注：
	313 电缆头温度	主站数值 A： 表记数值 A：	备注：	主站数值 B： 表记数值 B：	备注：	主站数值 C： 表记数值 C：	备注：
	314 电缆头温度	主站数值 A： 表记数值 A：	备注：	主站数值 B： 表记数值 B：	备注：	主站数值 C： 表记数值 C：	备注：

续表

项目		实传数据及结论（“主站数值”与“表记数值”的误差≤5%）	
进线开关室	温度	主站数值 A： 表记数值 A：	备注：
	湿度	主站数值 A： 表记数值 A：	备注：
SSTS室	温度	主站数值 A： 表记数值 A：	备注：
	湿度	主站数值 A： 表记数值 A：	备注：
出线开关室	温度	主站数值 A： 表记数值 A：	备注：
	湿度	主站数值 A： 表记数值 A：	备注：
通信箱	温度	主站数值 A： 表记数值 A：	备注：

（3）自投关系传动。

表 3-14　　自投关系传动

内　　容	动作情况检查	遥信信号检查	自投动作时间（s）	备注
检查SSTS运行方式正常，具备传动条件（电源指示正常）	/	/	/	401、402进线开关带电运行状态，401开关为“N”；402开关为“R”（401合闸、402合闸状态）
断开401开关上级电源，观察401进线晶闸管、402进线晶闸管动作情况	□正确□不正确	□正确□不正确		401进线晶闸管关断，402进线晶闸管导通
合入401开关上级电源，观察401进线晶闸管、402进线晶闸管动作情况	□正确□不正确	□正确□不正确		402进线晶闸管关断，401进线晶闸管导通
手动调整晶闸管状态	□正确□不正确	□正确□不正确		401进线晶闸管关断，402进线晶闸管导通
断开402开关上级电源，观察401进线晶闸管、402进线晶闸管动作情况	□正确□不正确	□正确□不正确	/	402进线晶闸管关断，401进线晶闸管导通

（4）检验结论。

表 3-15　　检 查 结 论

（该空白处填写发现问题及处理情况、遗留问题、可否投运等）					
试验日期		试验负责人		审核人	
试验人员					
运行人员					

3.3 设备专项评估

3.3.1 设备基本情况

在设备正式投运，现场运行保障团队对其专项评估前应首先记录其基本信息，包括装备自身（数量、容量等）和保障负荷点位（类型、容量）的信息。专项评估的设备基本情况介绍可参考如下模板：

本次专项评估共涉及单台容量为（600A）的 SSTS 箱××台；单台容量为（400A）的 SSTS 箱××台。生产厂家为××，产品型号为××，生产日期××，投运日期××。保障点位为××处，所带负荷共计××kW。

3.3.2 巡视检查评估

针对重点区域的 SSTS 开展设备巡视检查、接头红外测温等工作，检查设备运行状况，是评估 SSTS 设备运行状态最直观的方式。运行保障团队人员对双电源切换设备可主要开展以下重点巡视排查内容：

（1）各开关分、合闸位置是否正确，与实际运行方式是否相符，与开关本地显示单元指示的位置是否对应。

（2）模块显示面板显示是否正常，显示的三相电压数值是否明显异常。

（3）模块显示面板 LED 指示灯是否正常，有无报警状态，蜂鸣器是否鸣响。

（4）夹层检查柜体封堵是否良好，检查设备顶板内侧凝露情况。

（5）装置散热系统运转是否正常。

（6）开机状态下有无异响或焦煳味。

（7）开关调度号、出线开关对应路名、设备铭牌及各种标识是否齐全、清晰。

（8）各接头红外测温有无异常。

（9）正常切换是否正常。

SSTS 设备巡视检查具体结果模板参见附件 3-1，巡视检查评估结论可参考如下格式（在相应结论前的□打√）：

□无问题。××号 SSTS 设备外观无问题，各开关分合位置正确，模块显示面板显示正常，各类状态指示灯指示正确，无任何异常情况。

□存在以下问题。

1. ______________________________

异常情况的处理方式：______________________________

管控措施：______________________________

2. ______________________________

异常情况的处理方式：______________________________

管控措施：____

3.3.3 开关定值评估

SSTS 设备涉及的低压开关有主进线 401、备进线 402 以及各馈线开关。为确保保电任务保障期间所有开关的各级保护可靠配合，参照 10kV 定值管理流程和标准，运行保障团队依据已复核的低压开关定值单开展现场核查，核对所有 SSTS 设备主进出及所有带负荷的低压馈线开关的保护定值。开关定值具体核对结果模板见附件 3-2。

开关定值检查评估结论可参考如下格式：（在相应结论前的□打√）：

□无问题。通过核对所有开关的定值设置均与定值单数据一致。满足开关各级保护之间能实现可靠配合，上下级开关动作具有选择性。

□存在以下问题。

例如：××号 SSTS 箱的开关现场实际情况与定值单数据不一致，现场显示××，定值单数据为××。经与专业部门进行定值确认，开关保护定值应该为××。（定值单数据正确，将现场开关保护定值依据定值单调整正确）

3.3.4 两遥信号评估

为确保重要场所的高品质供电效果，后台指挥部可通过数据平台主站准确监视 SSTS 设备的运行状态，并与现场开展 SSTS 遥信、遥测信号核对工作，重点开展以下排查评估内容：

（1）SSTS 设备遥测、遥信信号是否已上传至主站数据平台。

（2）SSTS 现场及数据平台信号、数值有无不一致或存在较大偏差的情况。

（3）遥信信号 SSTS 故障报警、主进开关分/合闸、相应所有开关的开关位置与数据平台状态是否一致。

（4）遥测信号，主进线 401、备进线 402 以及总出线开关、各馈线开关的电压值、电流值与数据平台数值是否一致。

现场运行保障团队用于执行层面的具体核对结果模板见附件 3-3、附件 3-4，两遥信号检查评估结论可参考如下格式（在相应结论前的□打√）：

□无问题。站内与数据平台主站遥信信号一致、遥测信号数值基本一致，偏差在合理范围内。

□存在以下问题。

1．SSTS 的信号，站内实际情况与数据平台主站数据不一致，现场显示，数据平台主站显示。经检查确认，正确情况应为××。

后续处理措施：

2．SSTS 的遥测值，站内实际数值与数据平台主站数值偏差较大，现场显示，数据平台主站显示。经检查确认，正确数值应为××。

后续处理措施：

3.3.5 参数配置核对评估

为确保供电保障期间，双电源切换设备内部参数设置正确，运行保障团队依据 SSTS 验收相关要求，进行设备内部全部参数设定正确性的核对评估。重点开展以下项核对评估内容：

（1）额定电压设置（例如：220V，相电压）。

（2）SSTS 装置两路输入 S1、S2 电源上、下限电压值设定（例如：187～253V）。

（3）SSTS 装置两路输入 S1、S2 电源的切换状态设置（例如：自投自复模式）。

现场运行保障团队用于执行层面的具体核对结果见附件 3-5，参数设置检查评估结论（在相应结论前的□打 √）：

□无问题。所有 SSTS 设备内部参数均设置正确，无问题。

□存在以下问题。

××号 SSTS 箱的参数不正确，现场显示为××。现场应立即将××号 SSTS 的参数调整为其他隐患或缺陷评估。

3.3.6 缺陷隐患梳理

梳理 SSTS 设备自投运之日起到目前的缺陷、异常以及维修处置情况，具体见附件 3-6，梳理评估结论（在相应结论前的□打 √）：

□无问题。

□存在以下问题。

1．具体问题：________________________________

处置方式：________________________________

后续管控措施：________________________________

2．具体问题：________________________________

处置方式：________________________________

后续管控措施：________________________________

3.3.7 综合评估结论

通过以上巡视检查、定值核对、信号接入、参数设置、缺陷隐患等 5 个维度的综合评估，SSTS 设备的综合评估结论（在相应结论前的□打 √）：

□无问题。

□存在以下问题。

附件 3-1：

SSTS 巡视检查记录表

运行/保障团队：________________ SSTS 编号：________________

巡视人员：________________ 巡视日期：________________

编号	巡视内容	结果记录	备注
××	开关分、合闸位置是否正确，与实际运行方式是否相符，与开关本地显示单元指示的位置是否对应		
	模块显示面板显示是否正常，包括电流、电压等		
	模块显示面板 LED 指示灯是否正常，有无异色、闪烁报警状态，蜂鸣器是否鸣响		
	有无凝露现象		
	设备散热系统运转是否正常		
	有无异响或焦煳味		
	开关调度号、出线开关对应路名、设备铭牌及各种标识是否齐全、清晰		
	各接头红外测温有无异常		
	切换是否正常		

检查人员签字：
队长、副队长签字：

附件 3-2：

SSTS 各开关定值核对表

运行保障团队：________________　SSTS 编号：________________

核对人员：________________　核对日期：________________

SSTS 编号	开关名称	瞬时保护		长延时保护		短延时保护	
		定值单	现场	定值单	现场	定值单	现场
××	主进线开关（调度号）						
	备进线开关						
	总出线开关						
	馈线一						
	馈线二						
	馈线三						
	馈线四						
	馈线五						
	馈线六						

检查人员签字：
队长、副队长签字：

附件 3-3：

SSTS 遥测核对表

运行保障团队：________ SSTS 编号：________ 现场核对人员：________

主站核对人员：________ 核对日期：________

SSTS 编号	开关名称	开关 A 相电流		开关 B 相电流		开关 C 相电流		核对结果
		现场实际数值	主站显示数值	现场实际数值	主站显示数值	现场实际数值	主站显示数值	是否匹配
××	主进线开关（调度号）							
	备进线开关							
	总出线							
	馈线一							
	馈线二							
	馈线三							
	馈线四							
	馈线五							
	馈线六							

检查人员签字：

队长、副队长签字：

附件 3-4：

SSTS 遥信核对表

运行保障团队：________________　　SSTS 编号：________________

现场核对人员：________________　　主站核对人员：________________

SSTS 编号	需送的量		调度号	开关位置		故障报警	测试结果
××	遥信量	主进线	401	分	合		合格、不合格
		主进线	402	分	合		合格、不合格
		总出线	301	分	合		合格、不合格
		出线	311	分	合		合格、不合格
		出线	312	分	合		合格、不合格
		出线	313	分	合		合格、不合格
		出线	314	分	合		合格、不合格
		出线	315	分	合		合格、不合格
		出线	316	分	合		合格、不合格

检查人员签字：
队长、副队长签字：

附件 3-5：

核对性能参数表

运行保障团队：__________ SSTS 编号：__________

现场核对人员：__________ 核对日期：__________

SSTS 编号	类型	范围（示例）	建议值（示例）	内部设置值
××	（相电压）额定电压 U_n	380V、400V 和 415V 三档可选	400V	
	S1 电源上限电压	+5%～+20%	U_n+10%	
	S1 电源下限电压	−20%～−5%	U_n−10%	
	S2 电源上限电压	+5%～+20%	U_n+10%	
	S2 电源下限电压	−20%～−5%	U_n−10%	
	S1 电源上限频率	+5%～+10%	F_n+5%	
	S1 电源下限频率	−10%～−5%	F_n−5%	
	S2 电源上限频率	+5%～+10%	F_n+5%	
	S2 电源下限频率	−10%～−5%	F_n−5%	
	容许相位差	1°～45°	15°	
	主用电源恢复正常后是否自动切回主用电源		自投自复	

检查人员签字：

队长、副队长签字：

附件 3-6：

其他隐患或缺陷统计表

序号	发现日期	SSTS名称	发现人	缺陷主设备	设备类型	缺陷内容	缺陷程度	生产厂家	设备型号	是否消缺	消缺日期	消缺人	处理详情	验收人	遗留问题

4

现场应急处置方案

双电源切换设备可根据具体用户需求进行配置具体类型，无论是常态化重要用户，还是重大活动临时用户的保供电任务中承担重要角色。以 SSTS 为例，其具备响应速度快，可实现重要用户“零闪动”供电保障功能，但其对运行环境要求较高，在某些复杂的运行工况下亦可能出现输出、通信异常等事件，若在重要场所（例如重大活动期间的保电现场）未得到迅速处缺，可能会影响活动的对外呈现效果，进而造成不良的社会影响。

为进一步提高现场运维人员在重要场所的应急处置能力，减少一线人员与上级指挥部之前互动重复、无序等问题，便于现场运行维护保障人员高效率地处理双电源切换设备的可能异常事件，本节在基于设备对外呈现常见问题上，以某重要场所不同区域的 ATS、SSTS 带负荷为例，有针对性地介绍了双电源切换设备的现场处置方案。

4.1 ATS 现场应急处置方案

4.1.1 基本情况

如图 4-1 所示，该重要场所负荷点位 ATS 所带负荷共 2 路，为充电设备、场地照明等负荷（共 136kW）。其上级电源为两智能移动箱变车：1 号临时箱变车、2 号临时箱变车。

4.1.2 正常状态

ATS 控制器显示面板显示 401 主进、402 备进电源指示灯亮绿灯，401 合闸指示灯亮红灯，402 分闸指示灯亮绿灯。“不自复”运行状态指示灯亮绿灯，401、402 电压显示两路电压数值正常（见图 4-2）。401 开关合闸，位置指示为“on”，储能显示为“discharged”，操作模式在“自动”位置（见图 4-3）。402 开关分闸，位置指示为“off”，储能显示为“charged”，操作模式在“自动”位置（见图 4-4）。馈线开关位置如图 4-5 所示。

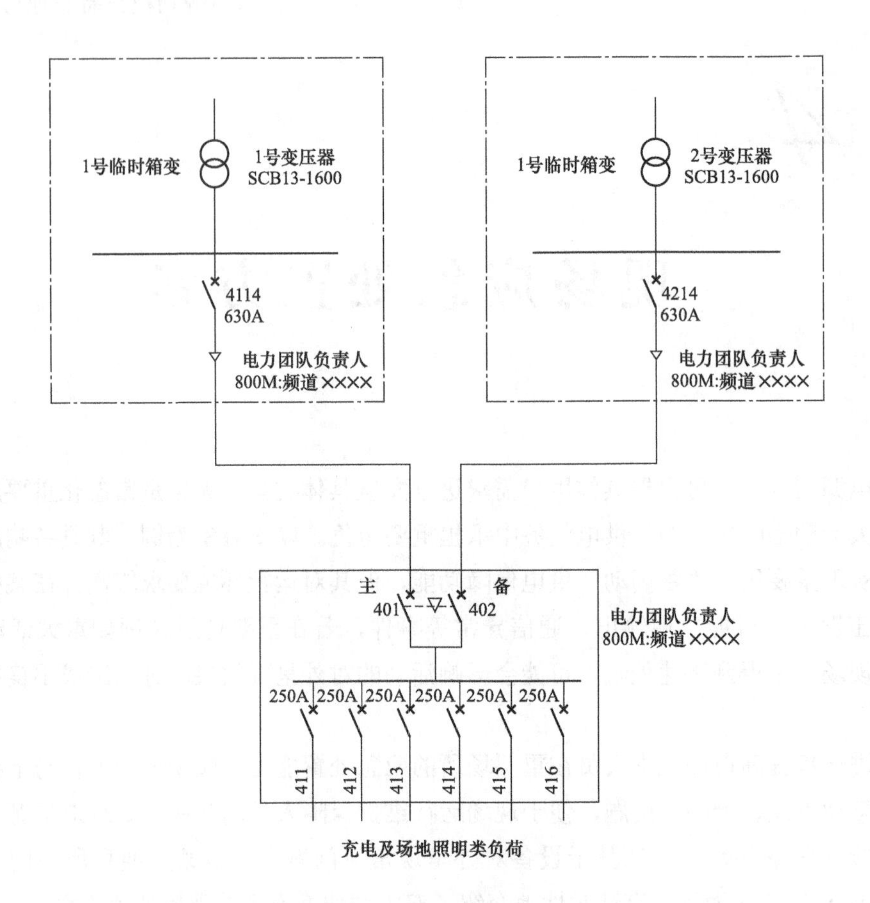

图 4-1　ATS 接线示意

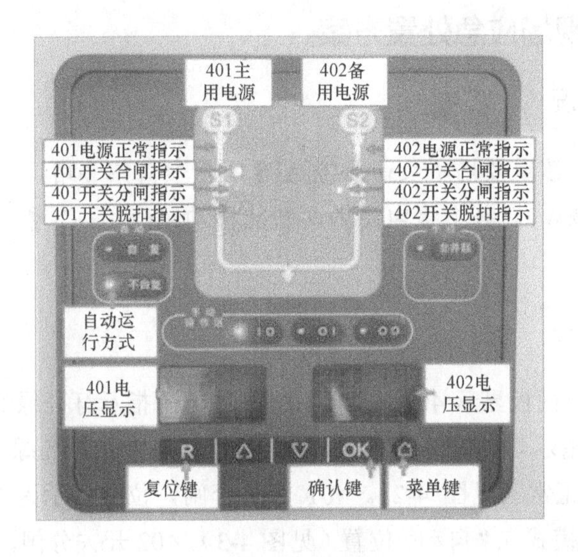

图 4-2　ATS 控制器面板

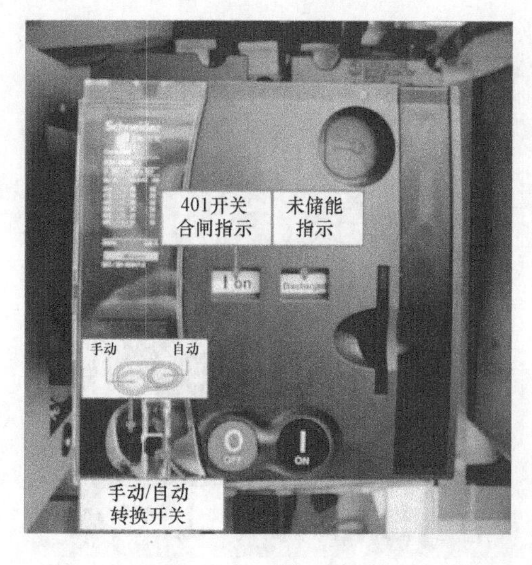

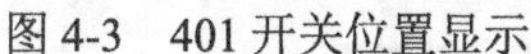
图 4-3　401 开关位置显示

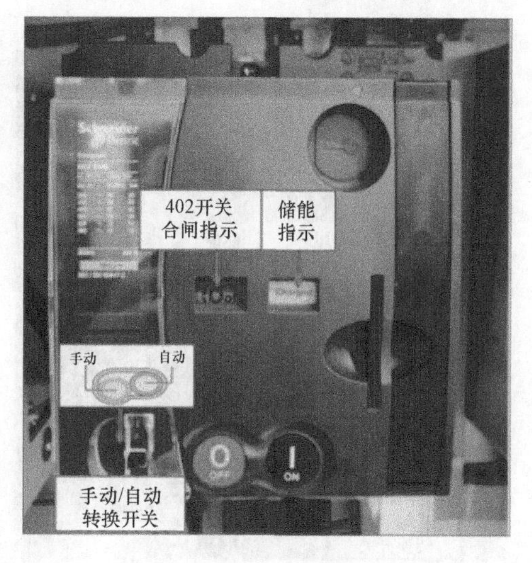

图 4-4　402 开关位置显示

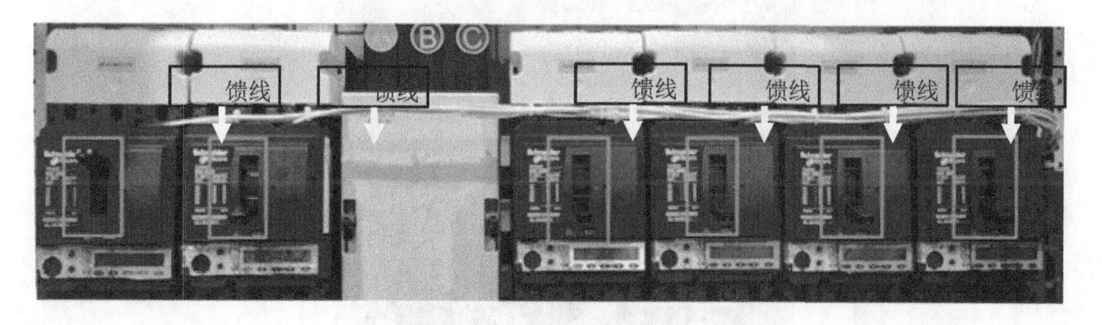

图 4-5　馈线开关位置

4.1.3　应急处置要点

1. 失去主进线电源

（1）设备状态及信号指示。接监控报告或经现场巡视，发现 ATS 控制器显示面板 401 主进电源指示灯亮橙灯，401 分闸指示灯亮绿灯，402 备进电源指示灯亮绿灯，402 合闸指示灯亮红灯。经查看 401 开关在分位，402 开关在合位，“不自复”运行状态指示灯亮绿灯，表示 ATS 发生切换至 402 电源供电（见图 4-6）。

（2）处置步骤。

1）检查控制器显示面板显示 401 分闸、402 合闸，401 电压为 0，402 电压正常，馈线开关液晶显示屏电压、电流值正常（见图 4-7），确认 ATS 切换成功；

2）通过 800M（手机）向现场指挥部汇报；

3）401 电源恢复后，ATS 不自动切回 401 主进供电；

4）通过800M（手机）向现场指挥部汇报。

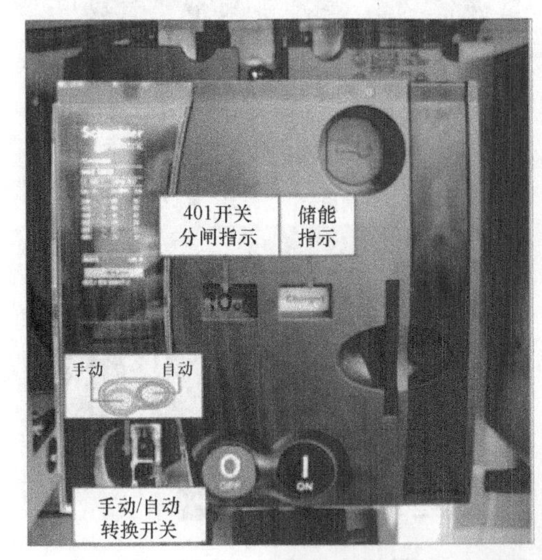

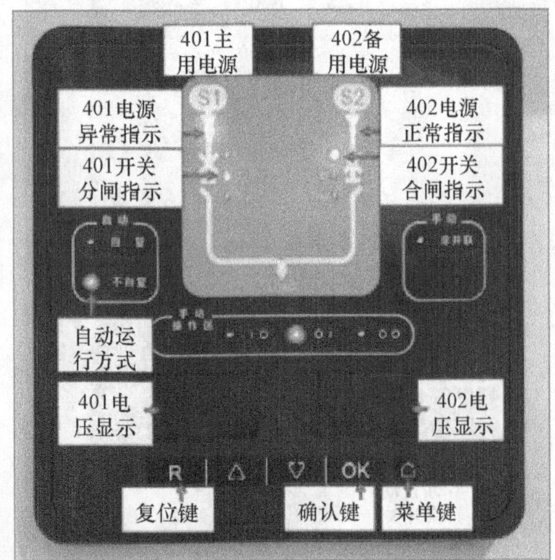

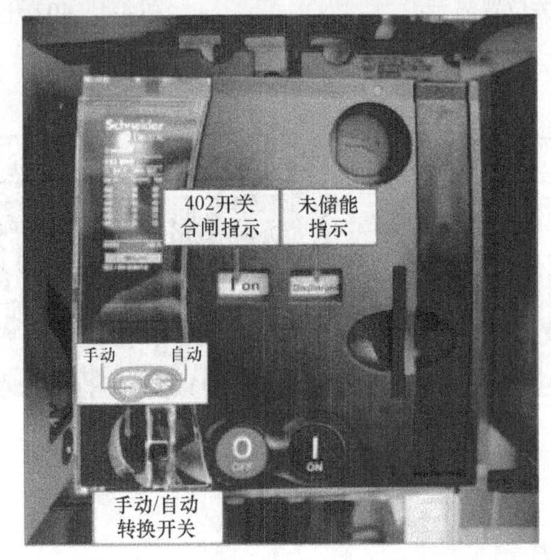

图4-6　正常切换后控制器及进线开关位置指示

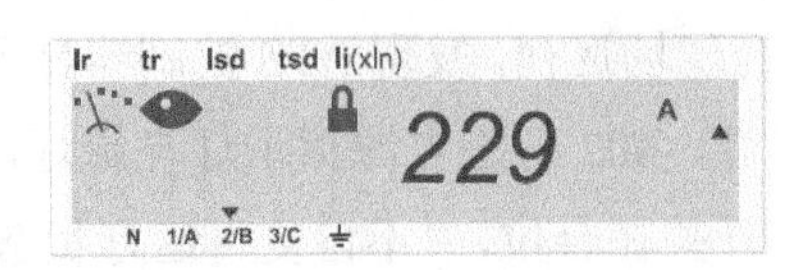

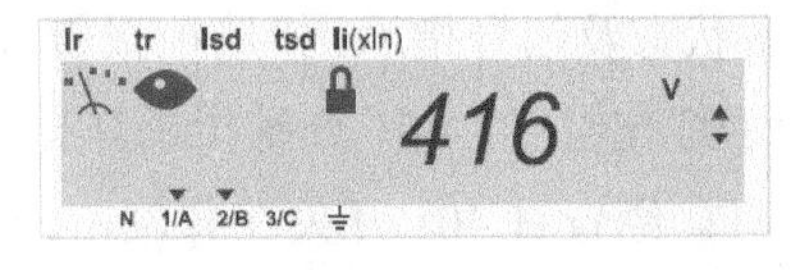

图4-7　馈线开关液晶显示器显示电流、电压

2. ATS设备故障

（1）控制器故障。

1）设备状态及信号指示。接监控报告或经现场巡视，发现ATS控制器指示灯全灭、显示器黑屏（见图4-8）。

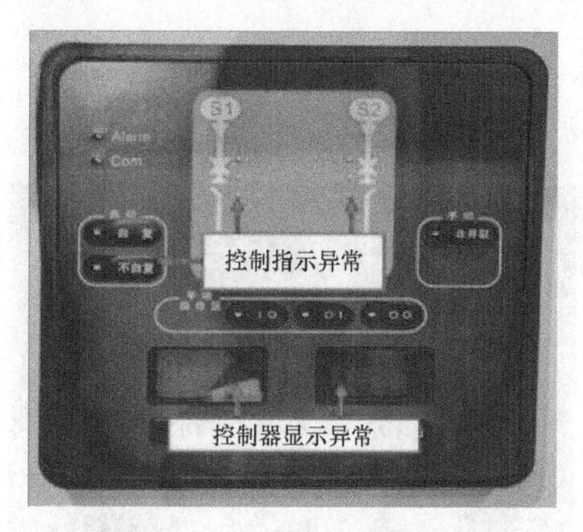

图 4-8　ATS 控制器显示异常

2）处置步骤。

①检查馈线开关电压、电流正常；

②通过 800M（手机）向现场指挥部汇报；

③按照指令，将 401、402 转换开关拨至手动位置，检查 401、402 开关位置状态；

④通过 800M（手机）向现场指挥部汇报。

（2）回路切换故障。

1）设备状态及信号指示。接监控报告或经现场巡视，发现 ATS 控制器报警指示灯亮红灯，蜂鸣报警音响，下级反映无电。

2）处置步骤。

①检查 401、402 开关位置状态；检查馈线开关电压、电流为 0（见图 4-9）；

②通过 800M（手机）向现场指挥部汇报；

③按照指令，将 401、402 转换开关拨至手动位置，控制器选择“手动非并联”方式，手动拉开 401 开关（见图 4-10），手动合上 402 开关（见图 4-11），按复位键进行消音；

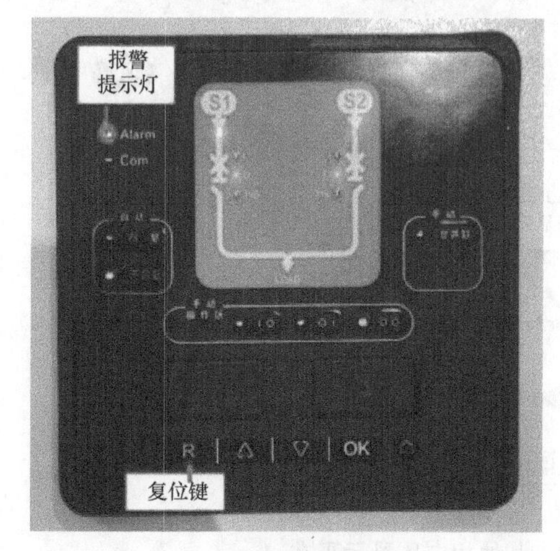

图 4-9　ATS 控制器面板

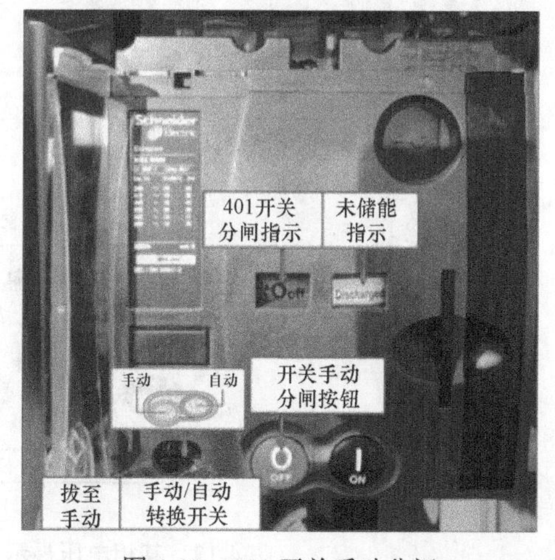

图 4-10　401 开关手动分闸

④检查馈线开关电压、电流恢复正常；

⑤通过 800M（手机）向现场指挥部汇报。

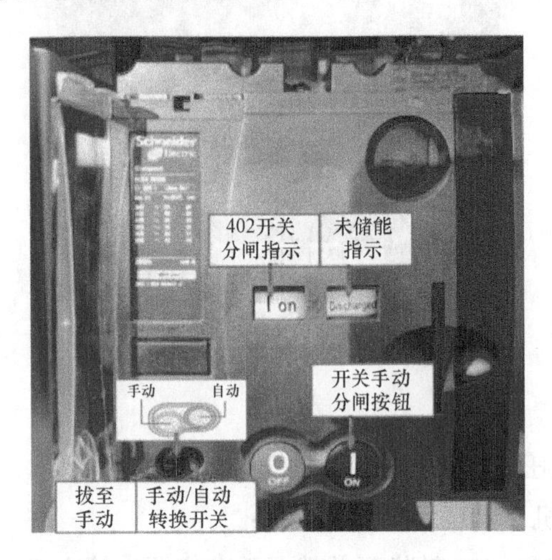

图 4-11　402 开关手动合闸

（3）馈线开关缺相。

1）设备状态及信号指示。接监控报告或下级反映部分负荷无电，发现 ATS 控制面板显示正常。

2）处置步骤。

①检查所有带负荷的馈线开关在合闸位置，某馈线开关液晶显示屏显示某相电压为 0，其他相电压正常；其他馈线开关相电压正常（见图 4-12）；

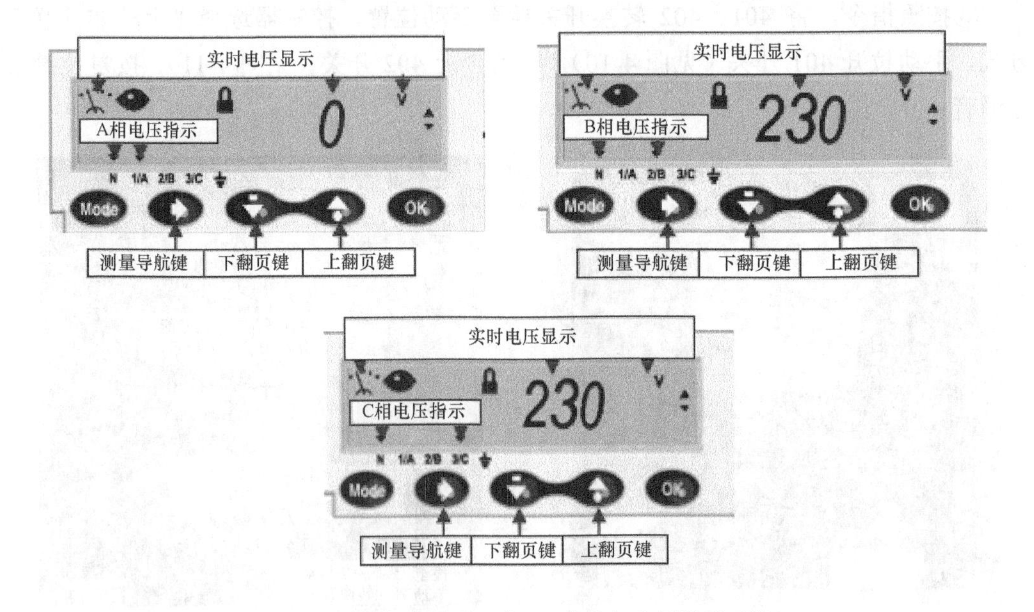

图 4-12　某相电压显示为 0，其他相电压显示正常

②通过 800M（手机）向现场指挥部汇报；

③按照指令，将当前故障开关所带馈线电缆接入备用开关，调整备用开关保护定值，同原馈线开关一致；

④通过 800M（手机）向现场指挥部汇报；

⑤根据指令，操作备用开关合闸，检查馈线开关液晶显示屏显示电压正常；

⑥通过 800M（手机）向现场指挥部汇报。

3. 馈线开关跳闸

（1）设备状态及信号指示。接监控报告或经现场巡视，发现馈线开关处于脱扣位置（见图 4-13），下级反映无电，ATS 控制面板显示正常。

（2）处置步骤。

1）检查某馈线开关在脱扣位置，馈线开关液晶显示屏显示电压、电流为 0（见图 4-14）；其他馈线电压、电流正常。

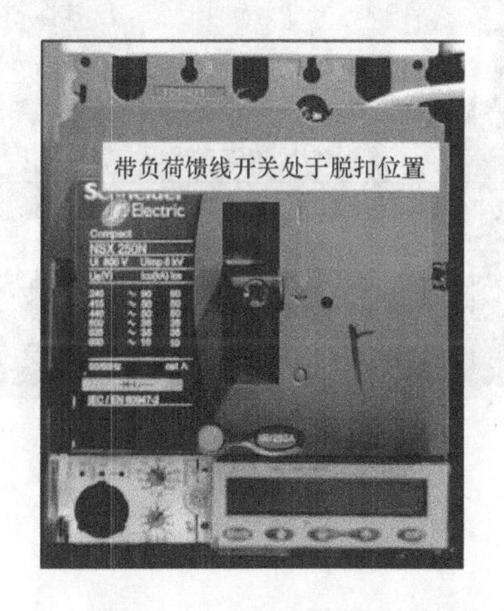

图 4-13　馈线开关脱扣

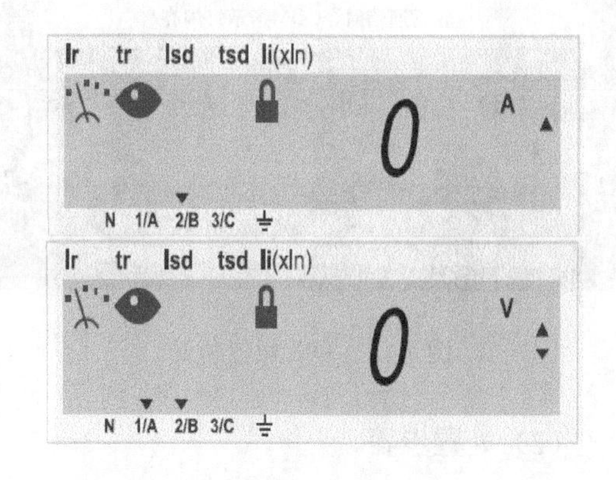

图 4-14　液晶显示器电压、电流为 0

2）通过 800M（手机）向现场指挥部汇报。

3）协调用户查找、隔离、处置故障，尽快具备试发条件。

4）通过 800M（手机）向现场指挥部汇报。

5）按照指令进行试发，检查馈线开关参数界面显示电压正常。

6）通过 800M（手机）向现场指挥部汇报。

4. 设备运行正常，下级反映无电

（1）设备状态及信号指示。下级反映无电，现场检查 ATS 处于正常运行状态，带负荷馈线开关均处于合闸位置。

（2）处置步骤。

1）馈线开关液晶显示屏显示电压正常（见图 4-15）；

2）通过 800M（手机）向现场指挥部汇报。

图 4-15 液晶显示器显示电压

5. 通信异常

（1）设备状态及信号指示。接监控报告或经现场巡视，发现开关通信装置指示灯或控制器通信指示灯熄灭（见图 4-16 和图 4-17）。ATS 所有开关运行正常。

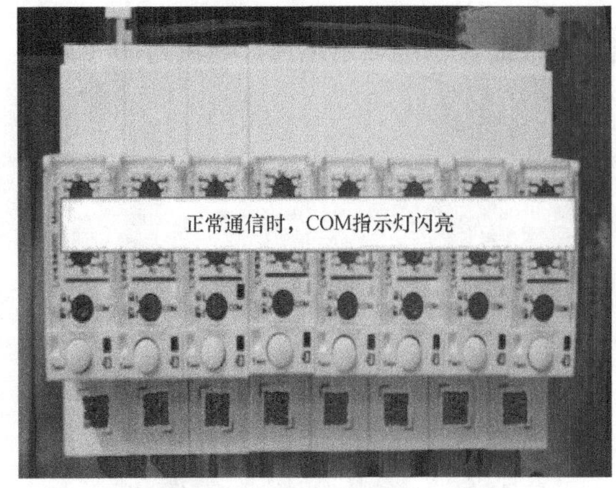

图 4-16 开关通信装置

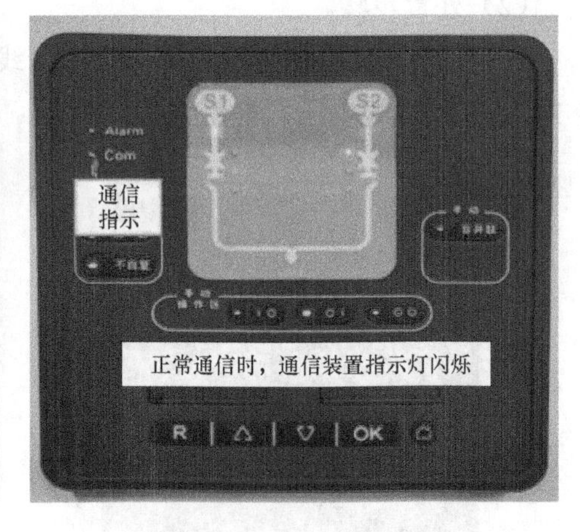

图 4-17 控制器通信指示灯

（2）处置步骤。

1）检查确认情况，通过 800M（手机）向现场指挥部汇报。

2）持续监视设备运行状态。

4.2 SSTS 现场应急处置方案

4.2.1 基本情况

如图 4-18 所示，该重要场所某负荷点位 SSTS 所带负荷共 2 路，馈线 1 路为照明负荷 100kW、馈线 2 路为照明负荷 100kW）其上级电源为：A 开闭站（主）、B 开闭站（备）；通信方式是以无线 4G 通信为主、LT230 电力专网通信方式为备用。

4.2.2 正常状态

401、402 进线开关在合闸位置，开关状态显示为红色；401-1、402-1 旁路开关在分闸位置，开关状态显示为绿色，301 总出线在合闸位置，开关状态显示为红色，带负荷路馈线开关在合闸位置，开关状态显示为红色，备用路馈线开关在分闸位置，开关状态显示为绿色（见图 4-19）。SSTS 由主进线供电，发光指示条显示为绿色，主备路输入、主路输出显示蓝色，备路输出显示灰色（见图 4-20）。401、402 进线、301 总出线及馈线塑壳开关位置如图 4-21 所示。

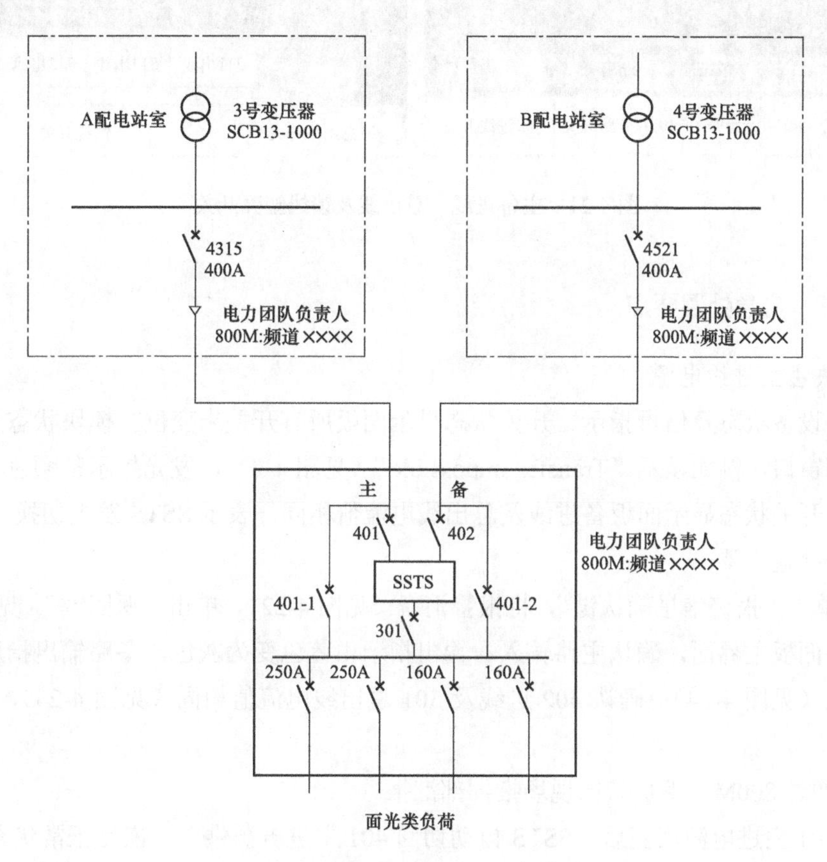

图 4-18　电源追溯图、保障人员信息

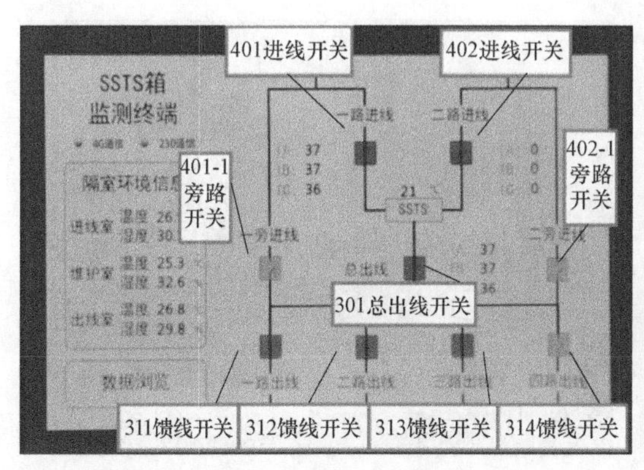

图 4-19　SSTS 箱开关状态显示面板

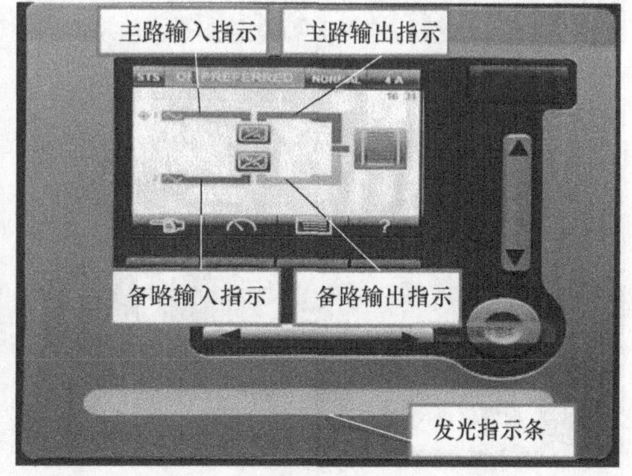

图 4-20　SSTS 箱模块状态显示面板

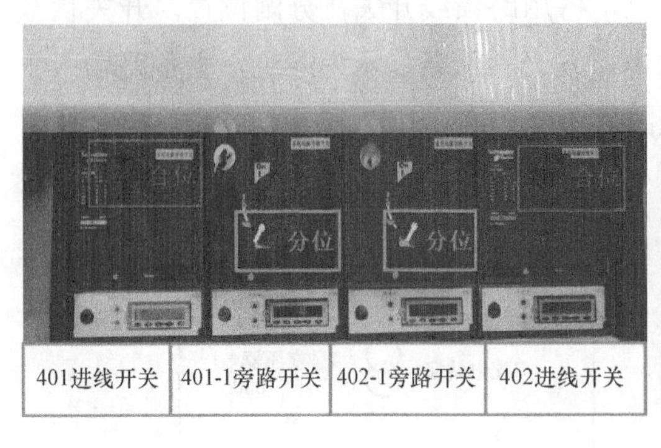

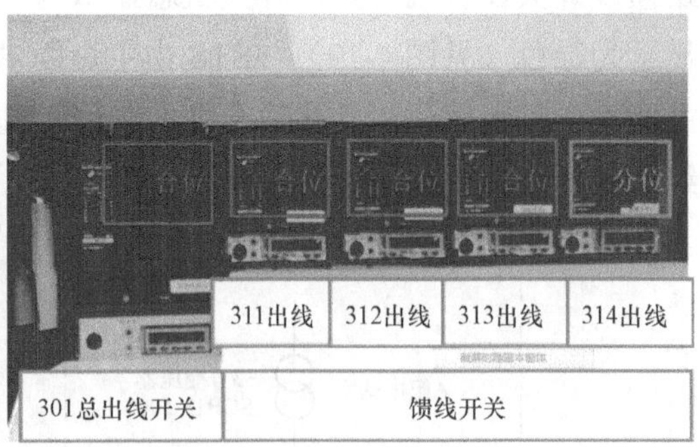

图 4-21　主备进线、总出线及馈线塑壳开关

4.2.3　应急处置要点

1. 失去主进线电源

（1）设备状态及信号指示。开关状态显示面板所有开关未变位。模块状态显示面板弹出告警窗口，例如显示“Transfer impossible”（见图 4-22），发光指示条颜色亦出现相应变化，开关状态显示面板备进线及总出线电流值相同，表示 SSTS 发生切换。

（2）处置步骤。

1）单击“报警信息确认键”，将报警消音（见图 4-22），单击“返回键”（见图 4-23）进入模块面板主界面，确认主路输入、输出指示由蓝色变为灰色，备路输出指示由灰色变为蓝色（见图 4-24）；确认 402 进线及 301 总出线电流值相同（见图 4-25），SSTS 切换成功。

2）通过 800M（手机）向现场指挥部汇报。

3）401 主进电源恢复后，SSTS 自动切回 401 主进电源供电，恢复正常状态。

4）通过 800M（手机）向现场指挥部汇报。

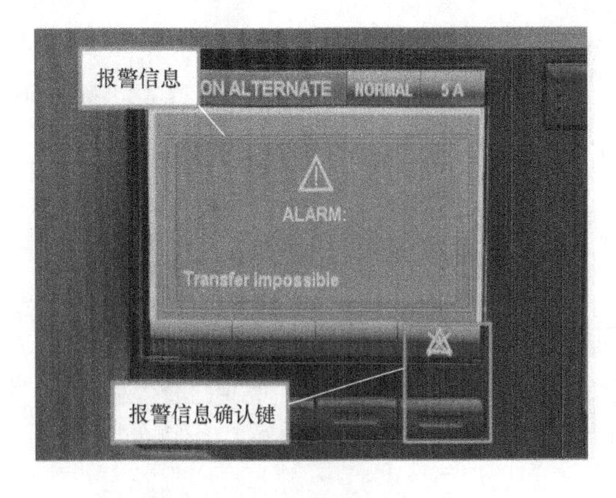

图 4-22　报警窗口

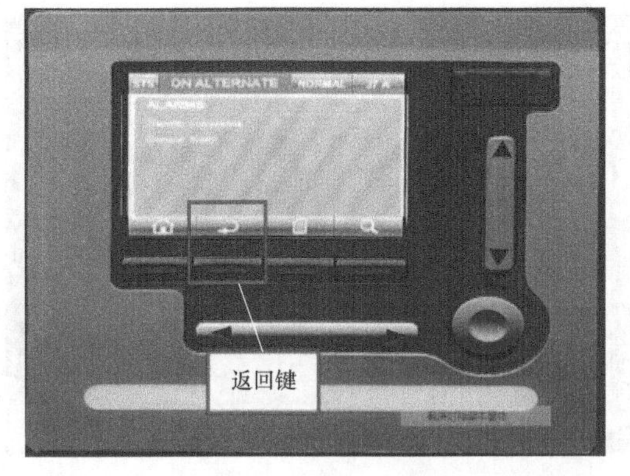

图 4-23　报警返回

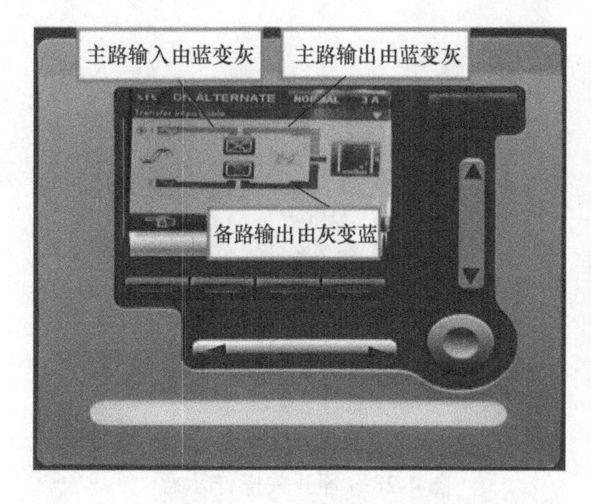

图 4-24　切换至备用电源

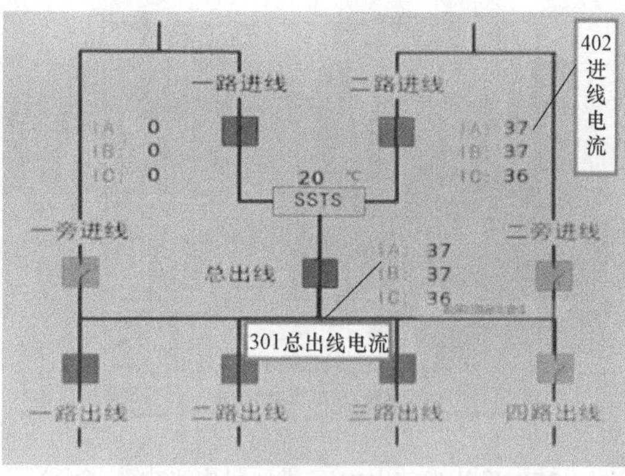

图 4-25　备进线及总出线电流指示

2. SSTS 模块故障

（1）设备状态及信号指示。开关状态显示面板中所有开关未变位。模块状态显示面板弹出告警窗口，显示除“Transfer impossible”以外的其他报警信息（如模块过温或输出异常）（见图 4-26）。

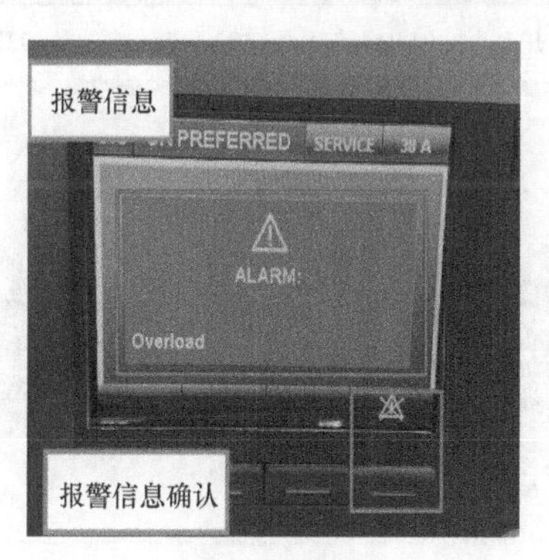

图 4-26　告警窗口

（2）处置步骤。

1）通过 800M（手机）向现场指挥部汇报。

2）核实报警信息后，单击“报警信息确认键”，将报警消音（见图 4-26）。

3）按照指令，通过模块状态显示面板或开关状态显示面板 401、402 进线有无电流判断当前由 401 或 402 进线供电（见图 4-27）。依次合上 401-1 旁路开关（将解锁钥匙插入，顺时针旋转解锁，再操作旁路开关至合闸位）、断开 301 总出线开关、401 进线开关、402 进线开关（见图 4-28、图 4-29）。

4）开关状态显示面板 401-1 开关在合闸位置，由绿色变为红色，401、402 进线、301 总出线开关在分闸位，显示为绿色（见图 4-28）；单击 401-1 开关，进入参数界面，检查电流正常（见图 4-30）。

5）通过 800M（手机）向现场指挥部汇报。

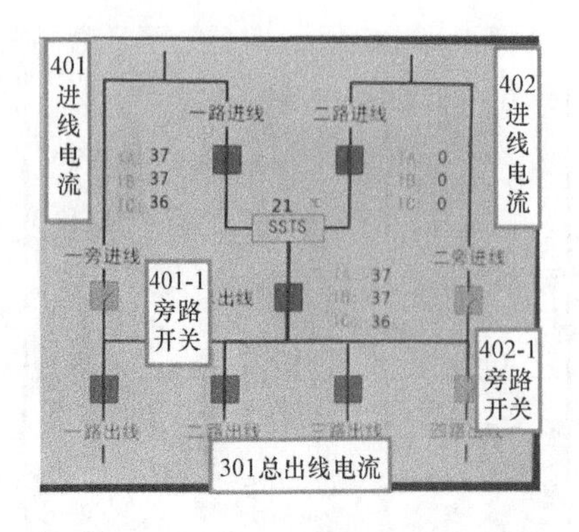

图 4-27 确认当前由主/备进线供电（电流指示）

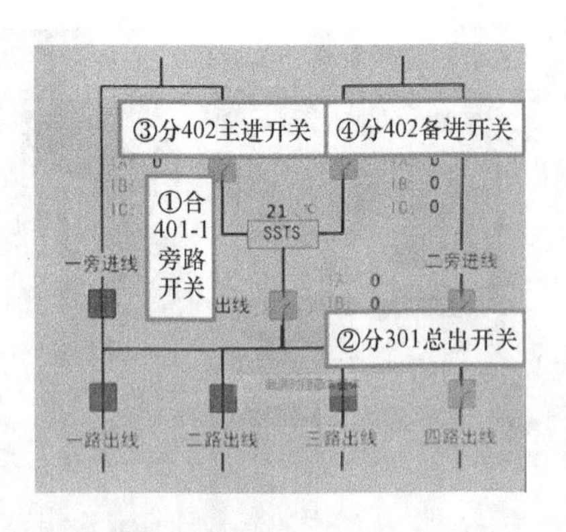

图 4-28 各开关操作示意

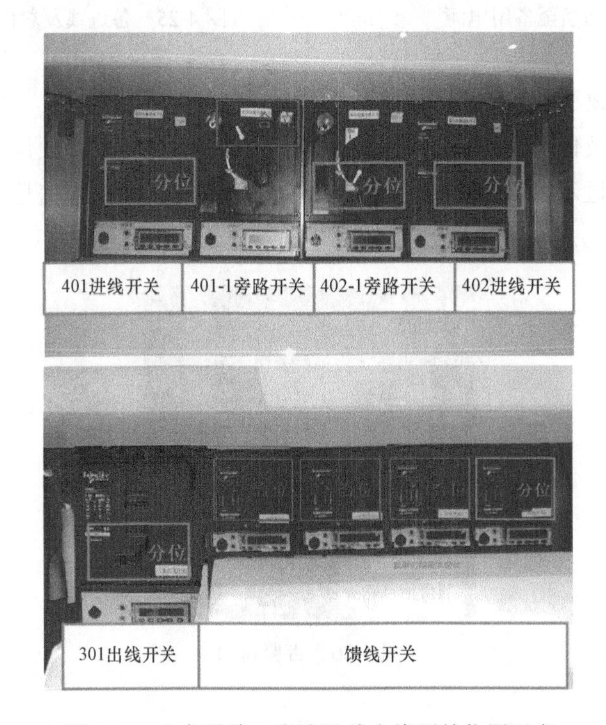

图 4-29 主备进线、旁路及总出线开关位置示意

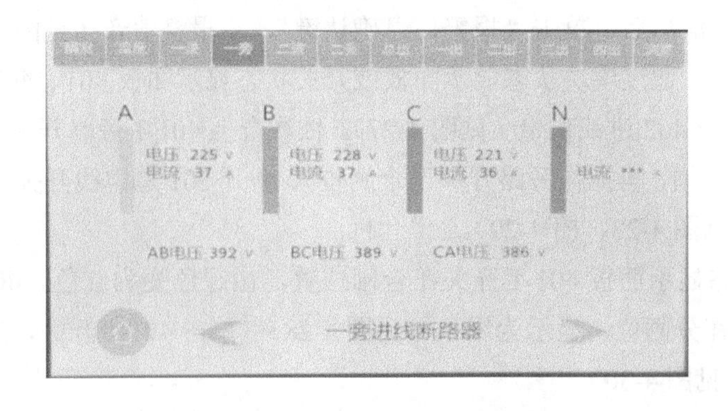

图 4-30 401-1 开关电压、电流界面

3. 馈线开关跳闸

（1）设备状态及信号指示。开关状态显示面板显示某馈线开关跳闸，模块状态显示面板无报警信息出现，下级反映无电。

（2）处置步骤。

1）开关本体故障。

①接到通知，反映下级无电；

②检查某馈线开关在分闸位置，馈线开关参数界面显示电压、电流为零（见图 4-31～图 4-36）；其他馈线电压、电流正常；

③通过 800M（手机）向现场指挥部汇报；

④按照指挥部指令将当前故障馈线开关与备用开关互换，调整备用开关保护定值，同原馈线开关一致；

⑤通过 800M（手机）向现场指挥部汇报。

2）客户侧故障。

①接到通知，反映下级无电；

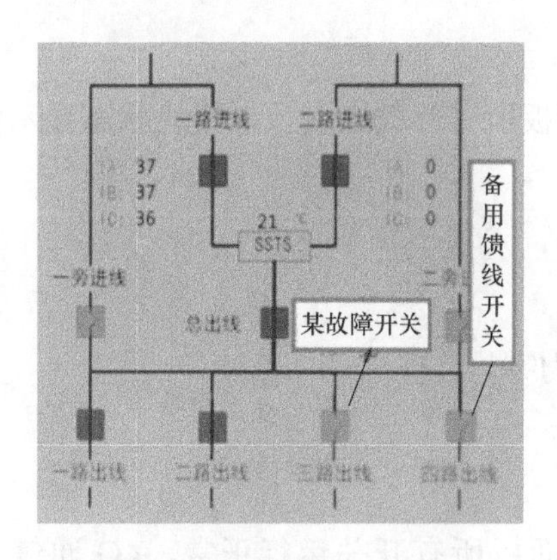

图 4-31　SSTS 箱开关状态未变位

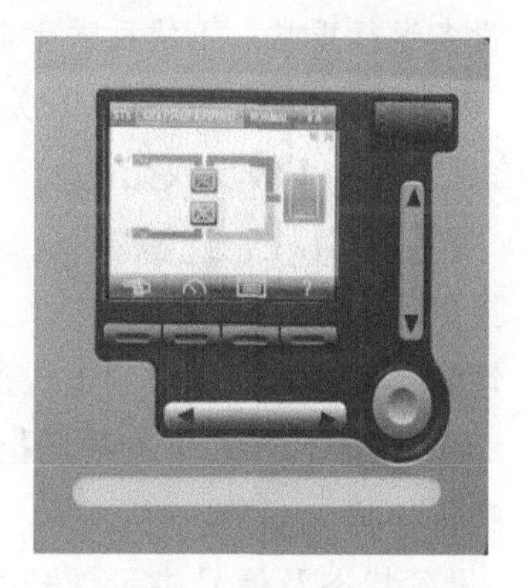

图 4-32　SSTS 箱模块无报警

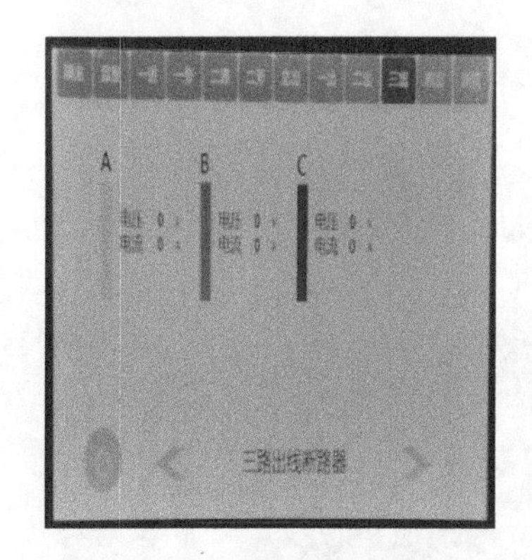

图 4-33　馈线开关电压、电流界面

图 4-34　馈线开关合闸位置

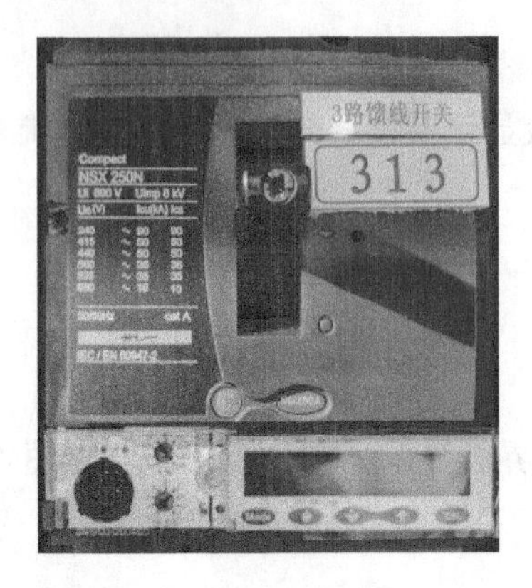

图 4-35　馈线开关脱扣位置

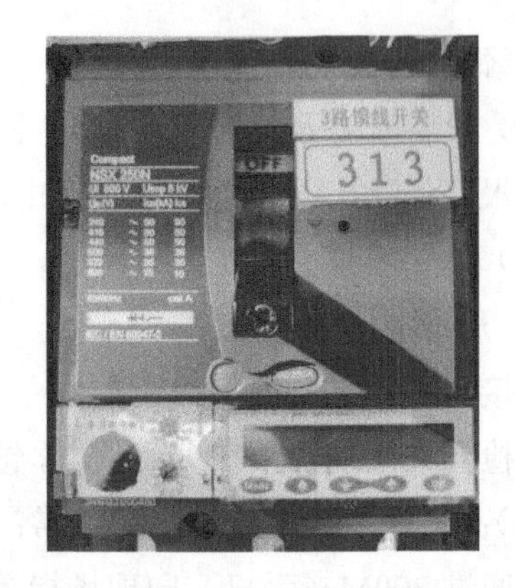

图 4-36　馈线开关分闸位置

②检查某馈线开关在脱扣位置，馈线开关参数界面显示电压、电流为零（见图 4-36）；其他馈线电压、电流正常；

③通过 800M（手机）向现场指挥部汇报；

④根据指令，操作开关合闸；

⑤通过 800M（手机）向现场指挥部汇报。

4. 设备运行正常，下级反映无电

（1）设备状态及信号指示。开关状态显示面板所有开关未变位，模块状态显示面板无报警信息出现，下级反映无电。

（2）处置步骤.。

1）接到通知，反映下级无电。

2）馈线开关参数界面显示电压正常、电流为零。

3）通过 800M（手机）向现场指挥部汇报。

5. 通信异常

（1）设备状态及信号指示。开关状态显示面板所有开关运行正常，4G 通信状态灯熄灭（见图 4-37），接到现场指挥部或后台主站通知通信异常、中断、数据不更新

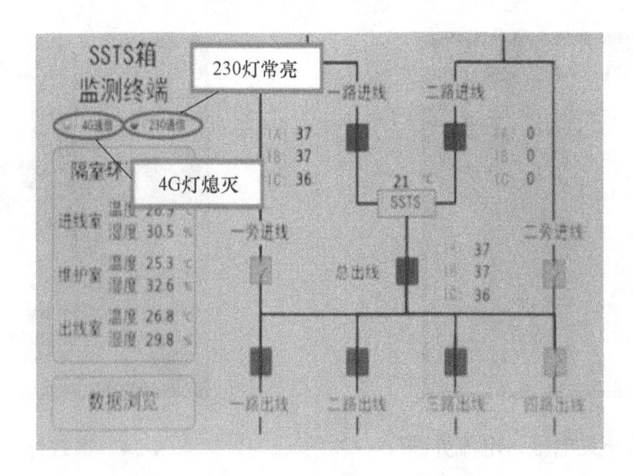

图 4-37　4G 通信异常状态

等情况。

（2）处置步骤。

1）检查 230 专网通信灯是否为红色常亮（见图 4-37）。

2）通过 800M（手机）向现场指挥部汇报。

5 典型应用案例

双电源切换类设备作为重要场所优质供电的定制电力设备，可根据不同的负荷灵活配置末端的供电方案，例如可以单独运行，也可采用级联的运行模式。重要场所的临时用电一般需要对保障前的装备运行特性进行测试，以进一步校核重要场所供用电方案。本章以某大型活动双电源切换设备对多类型区域临时性负荷进行优质供电的应用场景为例进行论述。

5.1 重要活动特点

目前国内特大型城市承接重大政治、经济交流活动的机会也越来越多，与传统供电场景不同，重大活动存在大量灯光音响、缆车机械等特殊负荷，可能面临户外恶劣环境、临时性转场等特殊保供电场景的挑战，重要场所可能面临持续时间短、保障范围大、临时负荷种类多、安全保障级别高、社会政治影响大等特点。同时由于外在呈现效果的需要，活动期间还有保障设备转场、人员微可视等需求。

针对重大活动的上述特点，主观上也需要供电企业加强在保电领域的技术攻关和专业技术支撑，其保障需求主要如下：

1. 高可靠

重大活动涉及的负荷种类复杂多样，基于其电力供应外在呈现效果的特殊性，其供电可靠性的标准和要求相比常规供电模式较高，往往通过多维全要素技术手段予以保障。此外，根据负荷的分类定级原则，重要负荷的供电质量在保障高可靠性的同时，需按照不同等级的重要负荷匹配差异性的供电质量。

2. 高灵活

（1）现场保障方面：重大活动低压配网敏感负荷众多、低压拓扑结构易变；不同级别的敏感负荷需要不同等级的供电品质，并且还有转场的特殊供电保障需求。这就要求保障手段具备较强的灵活性；以充分适应重大活动低压配网的复杂多变性。

（2）施工方面：由于重大政治活动场所通常较为特殊，在保障前、后工作中，往往需要与环保、安全等其他专业或者部门对接、协同电力工程的施工。因此施工易受时间（只能晚上施工）、地点、人为等多重不可控因素的影响，影响工期与质量。此外，由于重大活动供电保障属于临时负荷性质，同时也需考虑电缆走线设计与施工联动的因素，必然对重大活动供电保障的施工建设灵活性提出较高的挑战。

3. 高智能

随着大型活动保障规模的逐步扩大，将现代前沿科技应用于重大活动保障设备领域已是大势所趋，便于决策者快速有效的排查诊断异常环节。而现有保障装备模块往往不具备对电力设备（高低压开关、变压器、通信装置等）、运行环境（温湿度）及所带二级低压开关（电压、电流、位置）等关键设备的实时监测功能。因此，有必要提升装备系统的信息化水平，进一步提高重大活动供电保障的智能化。

4. 高安全

重大活动保障具备较高的敏感性，其保障失败会造成严重的政治与社会影响。因此保障现场安保级别高；供电保障涉及的装备技术因此也需要较高的安全系数，这就导致常规的某些保障措施无法适用于重大活动的供电保障现场。

5. 轻量化

重大活动供电保障的轻量化主要体现在两方面，占用空间和承重；由于重大活动场地有限，外在呈现效果为核心保障目标；因此现场供电装备、保障人员需具备弱可视、少空间、轻重量的特点；这就从保障的布局、装备研发等方面提出了特殊需求。

5.2 典型保电架构

针对重大活动的特殊供电保障需求，以实现“重要客户零闪动、普通用户差异化”的供电保障目标，提高保障的针对性与系统性，进而满足重大活动多维全要素的供电保障需求；目前主要采用了基于“负荷层＋末端层＋中枢层＋电源层＋感知层”的重大活动保电用典型架构，平台总体特征为“横向交叉互备、纵向多级保障、全维态势感知”。重大活动保电用典型架构如图 5-1 所示。

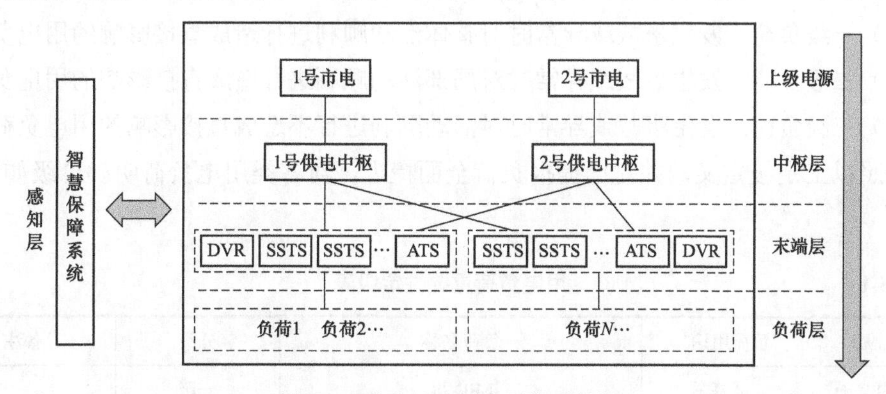

图 5-1　重大活动保电用典型架构

典型架构中各层表征含义如下。

（1）电源层：表征了重大活动临时负荷供电保障的上级电源，一般可来源于 10kV 开闭站下带低压出线，根据中枢层的功能设计，可匹配采用单路供电或者多路交叉互备式供电模式。

（2）中枢层：表征了用以上级电源与末端保障装备之间过渡的能量承载中枢，根据实际的供电需求，可采用智能箱变车或者应急移动电源等机动能量传递模块。

（3）末端层：表征了重大活动供电链路末端高可靠保障单元，根据重要负荷的差异化供电保障需求，采用 SSTS、ATS 等装备，其上级电源可根据保障需要采用交叉互备的模式。

（4）负荷层：表征了供电保障的对象，直接关联重大活动的对外呈现效果，具备优质、差异化的供电保障需求，保障前需进行重要负荷及其与末端保障装备的联动匹配特性测试。

（5）感知层：表征了供电保障的多层级的全息监测与数字孪生，以实现重大活动电网、站室、管线、装备等多维全要素信息的全链路感知，包含了低压配网的拓扑辨识，可有效变革传统“人海战术”保障模式，可有效提升保障效率和智能化水平。

5.3 保电案例简介

某大型活动的区域性临时负荷种类较多，包括 LED 屏幕、应急通信、无线监测等，负荷点位超过 50 个，供电总容量超过 1200kW。

为确保高可靠供电保障目标，综合电源资源、负荷需求因素，针对重要活动场所的供电保障需求，编制如下供电原则。

5.3.1 负荷分类定级

供电保障所涉及用电负荷种类较多，根据各类用电负荷发生故障或异常情况时对活动效果的影响程度，拟将临时用电负荷按重要性质划分为三个等级，即一级负荷、二级负荷、三级负荷（详见表 5-1），具体定义如下：

（1）一级负荷：发生事故或异常时对整体活动顺利进行造成直接影响的用电负荷。

（2）二级负荷：发生事故或异常时对局部活动顺利进行造成直接影响的用电负荷。

（3）三级负荷：发生事故或异常时对活动顺利进行不造成直接影响的用电负荷。

按照以上定级定义，并对已提报负荷全面梳理，对各类用电负荷明确分级如表 5-1 所示。

表 5-1　　用电负荷重要性定级表

负荷性质	负荷用途	负荷名称	分级	备注
屏幕	屏幕	LED 屏	一级	

续表

负荷性质	负荷用途	负荷名称	分级	备注
照明	场地	金属卤化灯	一级	
	背景	探照灯、电脑灯、LED 灯	二级	
	演出	背景灯柱	二级	
动力	转播	摄像机摇臂、飞猫	二级	
	演出	升降台	一级	电机类
	转播	拾音点	二级	
	转播	摄像机	二级	
	转播	转播车	一级	
	演出	话筒（演员使用）	二级	
	演出	舞美	一级	
	演出	调音台	一级	
	演出	功放音响	二级	
	演出	烟花燃放控制点	二级	
其他	通信	光猫	一级	
	通信	移动联通通信保障车	二级	
	安保	安检门、摄像头	三级	
	集结疏散	喇叭、简易房	三级	
	环卫	厕所、垃圾压缩车	三级	

5.3.2 供电技术原则

为实现重要场所（包括重要客户）高可靠性供电保障，根据重要负荷的情况，双电源切换装置的应用原则如下：

1. 通用性技术原则

（1）重要负荷原则上由双路市电供电并应进行电源追溯，特别重要负荷原则上应由不同电网分区供电。

（2）所接入配电站室的配变容量、双路市电的馈线回路均应满足 $N-1$ 标准。

（3）低压电缆敷设方式应满足如下原则：①人流车辆较多、运输通道处需采用地下管线敷设；②人流较少处、贴墙角或路牙处可采用橡胶马道明敷方式；③人流较多且不具备地下管线区域可采用钢马道明敷方式。

（4）固态快速切换开关（SSTS）和自动转换开关（ATS）的容量应与用电负荷匹配，

原则上应就近安装在用电设备附近，以降低馈线线缆过长带来的供电风险。

2. 专项技术原则

（1）一级负荷：原则上需配置 SSTS 供电。若电源侧（站内）安装有 SSTS 装置，一级配电箱可配置 ATS 箱；若电源侧未安装 SSTS 装置，一级配电箱需配置 SSTS 装置。

（2）二级负荷：一级配电箱原则上应配置 ATS。

（3）三级负荷：可采用单电源供电。

（4）在确保容量限制条件下，相邻重要等级负荷可混接。确因客观因素不具备电源条件，一、三级负荷需取自同一电源点时，需履行相关审批手续。

根据负荷的容量与重要性、电网资源和站室配置等条件，重大活动低压供电可选择如下：

供电方式 1：一级负荷加装 SSTS。

一级负荷的供电方案，适用于重大活动场馆供电工程中负荷重要等级为重要负荷的供电方案，主要应用于新闻运行、安保和技术综合区域等重要负荷供电。380V 电气主接线见图 5-2。主要电气设备应选择安全、环保、节能型设备，并且扩展和变更灵活，安装和拆除便捷。

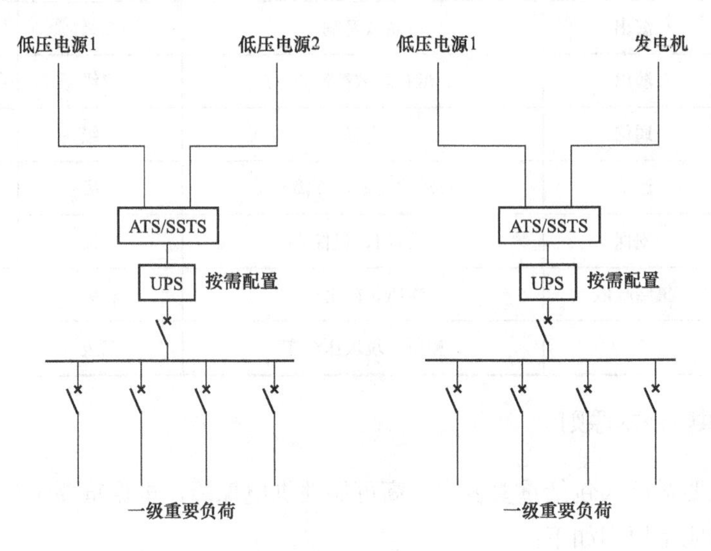

图 5-2　一级负荷供电方案示意

需要注意的是，在一级负荷中，特别重要负荷的供电方案，主要应用于转播服务区特别重要负荷供电。380V 电气主接线可进行拓展，如图 5-3 所示。主要电气设备应选择安全、环保、节能型设备，并且扩展和变更灵活，安装和拆除便捷。

供电方式 2：二级负荷加装 ATS。

二级负荷的供电方案，主要应用于重大活动的技术类负荷、调度运行管理区域的一般重要负荷供电。380V 电气主接线如图 5-4 所示。主要电气设备应选择安全、环保、节能型设备，并且扩展和变更灵活，安装和拆除便捷。

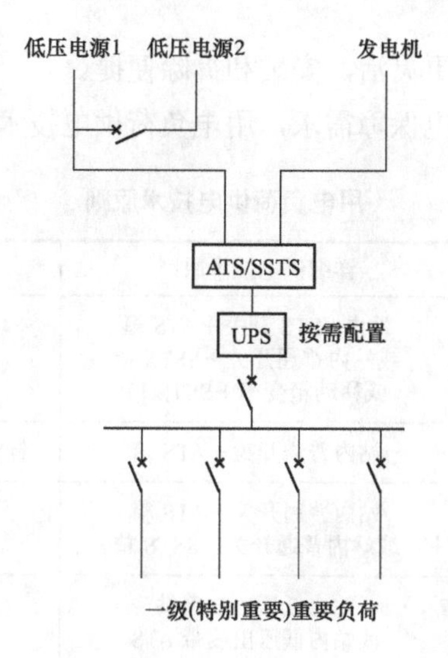

图 5-3 一级（特别重要）负荷供电方案示意

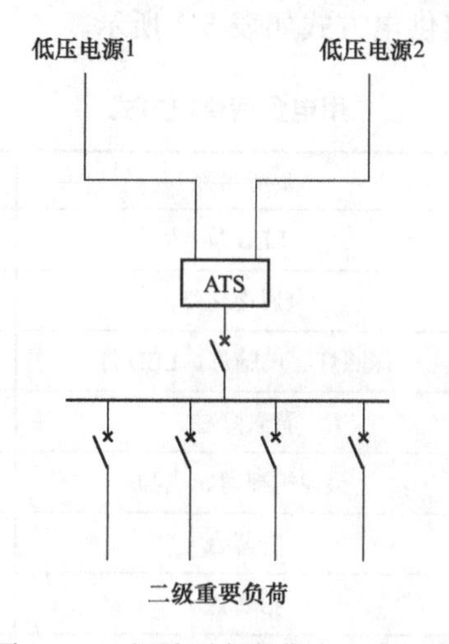

图 5-4 二级重要负荷供电方案示意

用电负荷在电源电压波动或暂时跌落情况下，正常功能将受影响或对外有不良表现的用电设备，通常应认定为敏感低压负荷，敏感低压负荷也按特别重要负荷来配置供电方案，并加装不间断电源（UPS），与 ATS 或 SSTS 配套使用，实现不间断及“零闪动”供电。另外，特别重要负荷除备用发电机外还应配置应急发电机，提供额外保障。

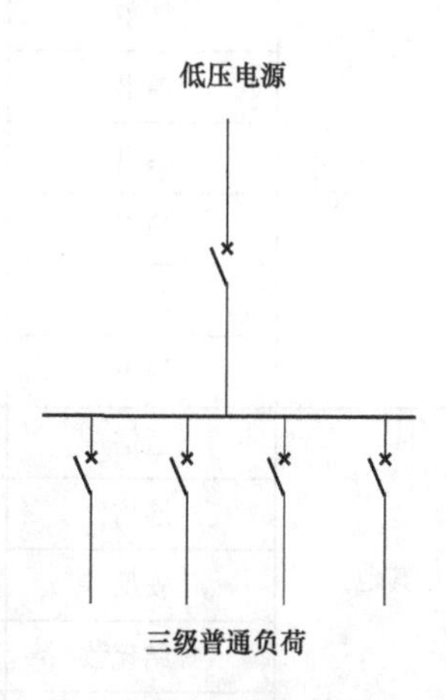

图 5-5 三级负荷供电方案示意

供电方式 3：三级负荷采用单路市电供电。

三级负荷的供电方案，主要应用于住宿、清洁与废弃物、餐饮、物流和仓储区域的普通负荷供电。380V 电气主接线如图 5-5 所示。主要电气设备应选择安全、环保、节能型设备，并且扩展和变更灵活，安装和拆除便捷。

综上，结合重大活动供电保障需求，用电负荷供电技术原则如表5-2所示。

表5-2 用电负荷供电技术原则

负荷级别	方式	详细供电技术原则	备注
一级负荷	方式1	站内SSTS开关＋ATS箱 或站内普通开关＋SSTS箱 或移动箱变车＋SSTS箱	优先级依次
	方式2	站内普通开关＋ATS箱	针对电机类负荷，并应开展试验确认
二级负荷	方式3	站内普通开关＋ATS箱 或站内普通开关＋SSTS箱	优先级依次
三级负荷	方式4	站内低压出线直供 或站内低压出线带ATS	优先级依次

结合用电负荷情况，建议供电方式如表5-3所示。

表5-3 用电负荷供电方式

负荷性质	负荷用途	负荷名称	负荷分级	供电方式
屏幕	屏幕	LED屏	一级	方式1
照明	场地	金属卤化灯	一级	方式1
	背景	探照灯、电脑灯、LED灯	二级	方式3
	演出	背景灯柱	二级	方式3
动力	转播	摄像机摇臂、飞猫	二级	方式3
	演出	升降台	一级	方式2
	转播	拾音点	二级	方式3
	转播	摄像机	二级	方式3
	转播	转播车	一级	方式1
	演出	话筒（演员使用）	二级	方式1
	演出	舞美	一级	方式1
	演出	调音台	一级	方式1
	演出	功放音响	二级	方式3
	演出	烟花燃放控制点	二级	方式3
其他	通信	光猫	一级	方式1
	通信	移动联通通信保障车	二级	方式3
	安保	安检门、摄像头	三级	方式4
	集结疏散	喇叭、简易房	三级	方式4
	环卫	厕所、垃圾压缩车	三级	方式4

5.4 供电保障平台

5.4.1 UMIC 平台

其中主要临时性负荷采用基于多种模块灵活组网的通用模块化智能移动保障平台（见图 5-6，以下简称 UMIC 平台）实现高可靠供电保障。

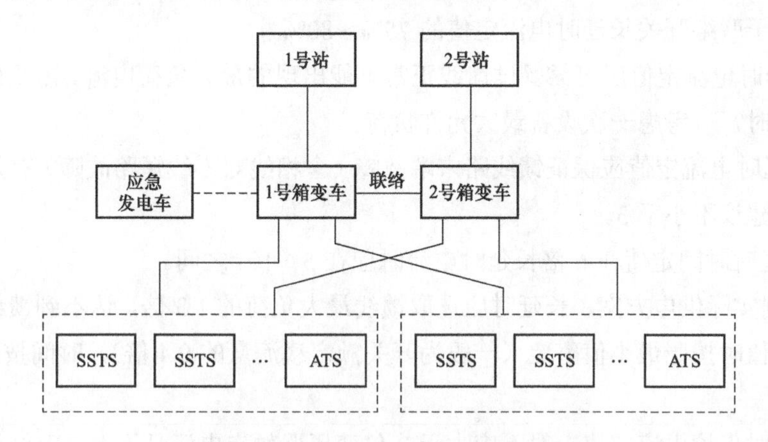

图 5-6 通用模块化智能移动保障平台示意

保障平台具备“横向交叉互备、纵向多维保障”的特点，采用模块化组网的方式，该平台以配电站室作为平台上级电源模块，以新型智能箱变车作为能量中枢模块，定制电力设备作为平台末端“零闪动”保障模块，UPS 等储能设备作为应急电源，以数字孪生系统作为平台的全链路感知模块，形成了“双电源＋智能箱变车＋智能 SSTS/ATS＋移动应急电源”的高可靠性接线方式。大幅提高了特种供电可靠性，克服了户外防护弱、部署灵活性差、施工效率低等难题，支撑了重大活动特种负荷的高可靠与差异化供电目标。

其中，末端模块以户外智能型 SSTS、ATS 为典型代表，可有效地防止电网侧电压暂降对负载侧的影响，随时可靠接入平台中枢模块以实现灵活组网，支撑重要负荷的外在呈现效果。

本案例中涉及的重要负荷类型较多，以两类临时性特殊负荷为例进行分析，其为电机类（空调）和非线性类（LED 屏）组合式负载，为进一步提高负荷供电的冗余备用能力，末端层的供电方式初步设计为基于 SSTS＋ATS 串接的接线模式。

5.4.2 保护配置原则

重要场所涉及的低压主进开关、联络开关、低压馈线开关保护配置及定值整定原则需充分考虑现场供电保障特点，尤其尽量避免现场设备保护配置而可能导致设备误动（频繁投切），进而严重威胁重要场所电力保障的外在呈现效果。本案例中针对 ATS、SSTS

馈线/进线及 SSTS 总出线保护配置及定值整定原则设计如下。

1. ATS、SSTS 馈线保护配置及定值整定原则

（1）保护配置一般投入长延时、瞬时保护功能，其余保护功能退出。配置应与低压主进开关、联络开关形成保护级差配合。

（2）长延时保护一般应采用反时限，具体如下：

1）长延时电流定值不应大于主开关长延时最小电流定值的 75%～80%；有联络开关时，不应大于联络开关长延时电流定值的 75%～80%。

2）长延时电流定值应可靠躲过馈线正常可能出现的最大负荷电流。馈线最大负荷电流获取困难时，可考虑一次设备最大允许负荷。

3）长延时电流定值应保证馈线路末端故障（含相线对零线短路故障）有足够的灵敏度，灵敏度建议不小于 3。

4）长延时时间定值在 6 倍长延时电流时应在 5～10s 之间。

5）依据实际供电方案，长延时应选取馈线最大负荷的 1.3 倍，达不到馈线开关长延时最小整定值时按照最小值整定（一般为开关额定载流量的 0.4 倍），时间按照 6Ir 时 4s 整定。

（3）瞬时保护电流定值一般不应大于 2 倍变压器额定电流且不大于上级开关定值的 0.8 倍。

2. ATS、SSTS 进线及 SSTS 总出线保护配置与定值整定原则

为满足上下级保护的可靠配合，以确保故障时各级脱扣器保护动作的选择性，避免停电范围扩大，可参考上下级开关保护动作配合曲线图（以某系列型号塑壳断路器上下级脱扣器动作曲线为例，见图 5-7）。在重要场所高可靠供电保障的特殊情况下，考虑

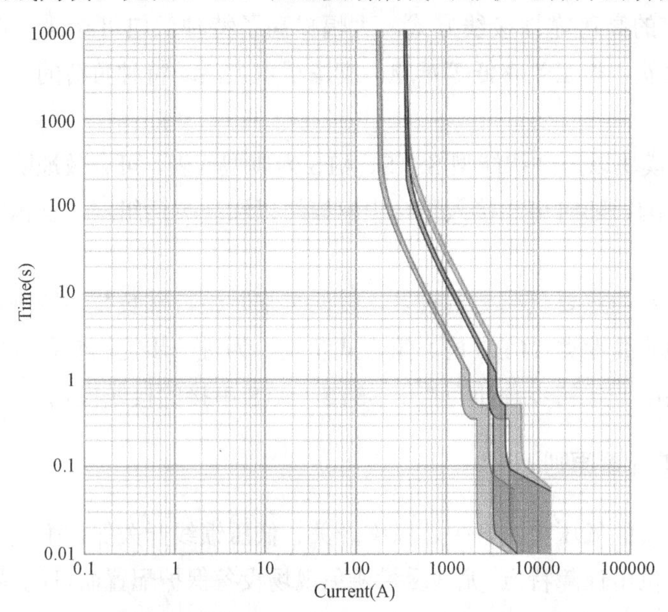

图 5-7　某系列型号塑壳断路器上下级脱扣器动作曲线

ATS、SSTS 机芯已配备过载保护且设备本体及母线故障概率较低，本工程中 ATS、SSTS 进线开关及 SSTS 总出线开关各类保护可以退出或者调整至最大。

5.5 供电方案测试

为进一步验证末端接线方式的有效性和可行性，结合现场测试环境，本次试验对保供电典型架构简化为“电源层＋末端层＋负荷层”。搭建了相应的测试电路，其中末端层为 SSTS 串接 ATS 的模式，负荷层为 LED 大屏并接电机组的模式，如图 5-8 所示。

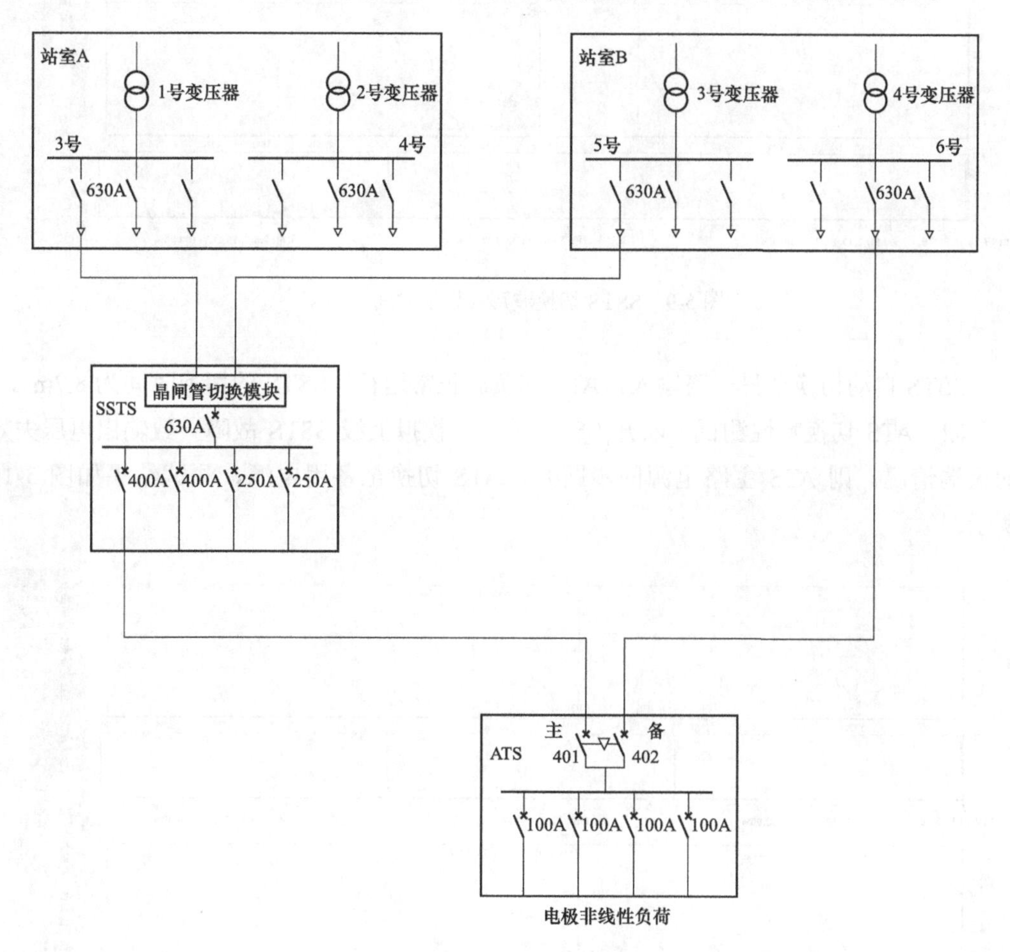

图 5-8　SSTS＋ATS 式末端接线方式

负载可依据试验的需求采用大屏启动、空调启动和总负载启动三种模式，测试负荷容量不超过 300kW。

5.5.1 末端层—设备特性测试

（1）SSTS 切换特性测试。断开 SSTS 主路电源开关，以模拟电源层/中枢层主电路电压暂降、中断等电能质量事件，测试结果如图 5-9 所示。

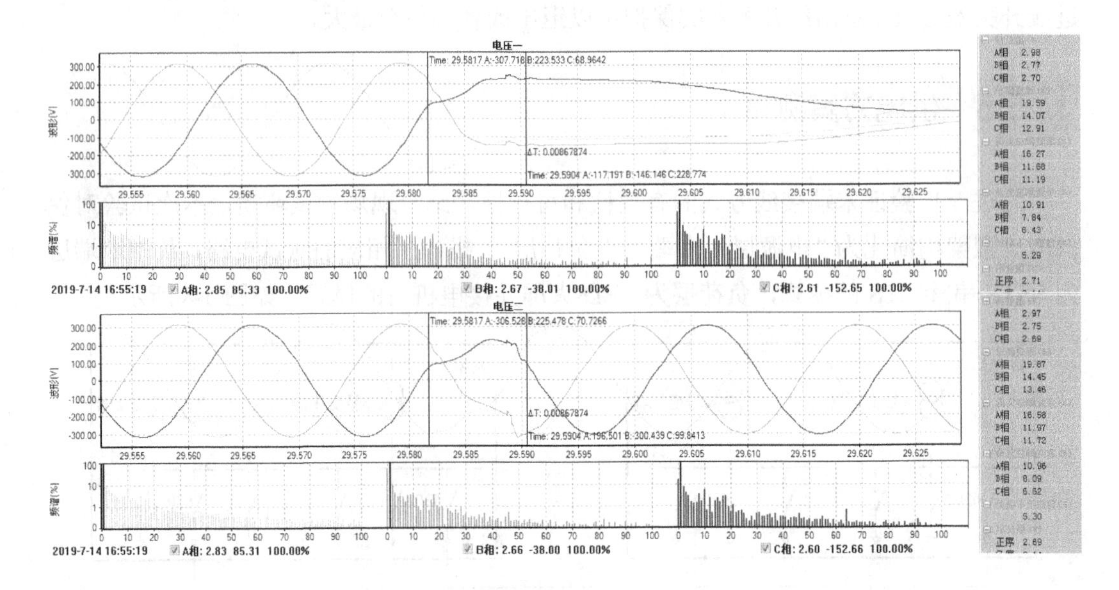

图 5-9　SSTS 切换波形（切换时间 8.7ms）

SSTS 自动切换至另一路输入，ATS 和负载正常运行。SSTS 的切换时间为 8.7ms。

（2）ATS 切换特性测试。断开 SSTS 输出，模拟上级 SSTS 故障导致输出电压失效的极端情况。则 ATS 主路电源同步断开，ATS 切换至备用电源，测试结果如图 5-10 所示。

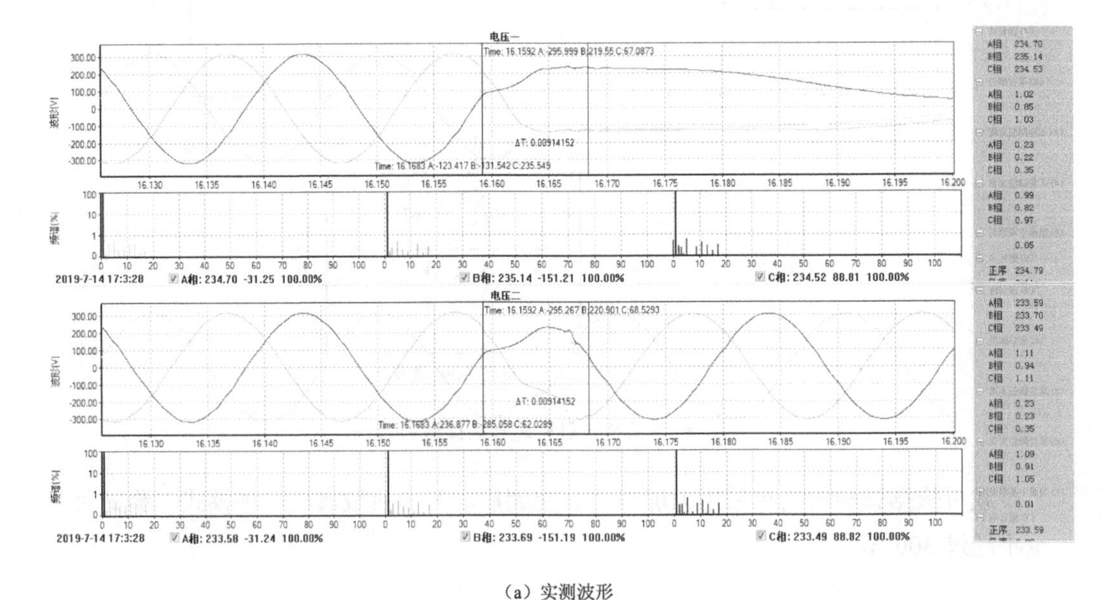

（a）实测波形

图 5-10　ATS 切换波形（一）

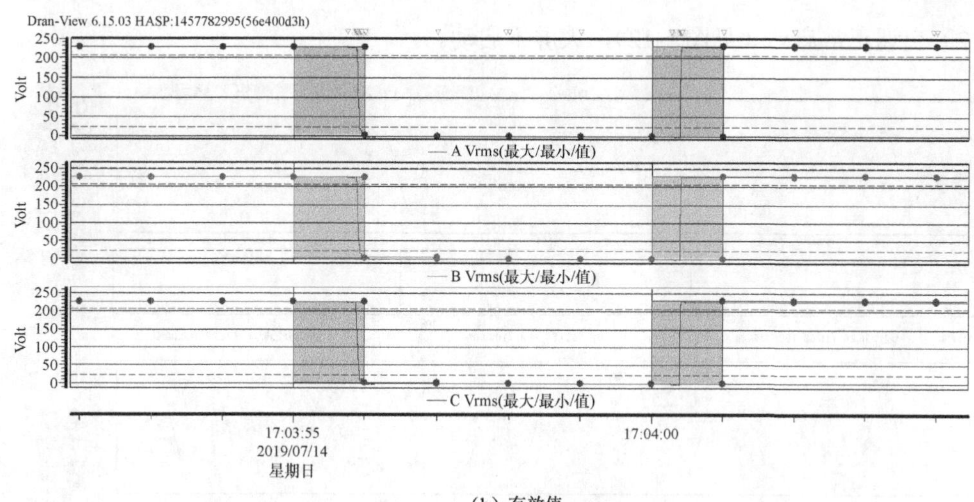

（b）有效值

图 5-10　ATS 切换波形（二）

ATS 正常切换，但大屏熄灭，ATS 的投切未能保证负荷的对外呈现效果，这主要是由负载的电压耐受特性所决定。因此 ATS 不能单独用于大屏的上级供电装备，仅可作为 SSTS 毫秒级切换装备供电保障的补充，在 SSTS 出现严重故障导致输出异常的极端工况下发挥部分支撑作用。

5.5.2　负荷层—负载特性测试

1. 运行工况测试

针对组合式负载，分别进行了如下工况测试。

（1）大屏正常启动（见图 5-11），空调不启动。

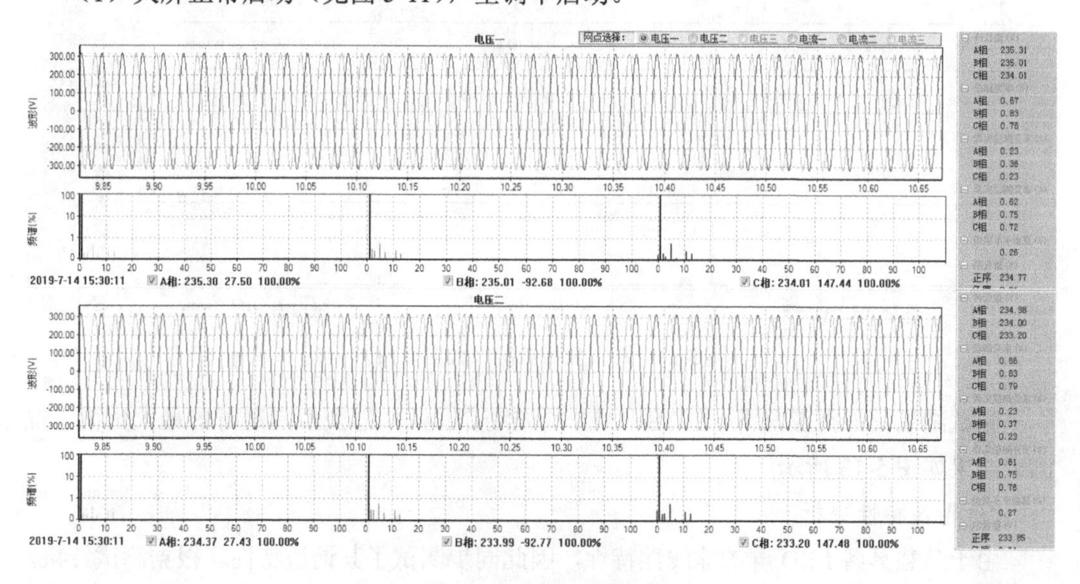

图 5-11　大屏正常启动

（2）空调正常启动（见图 5-12），大屏不启动。

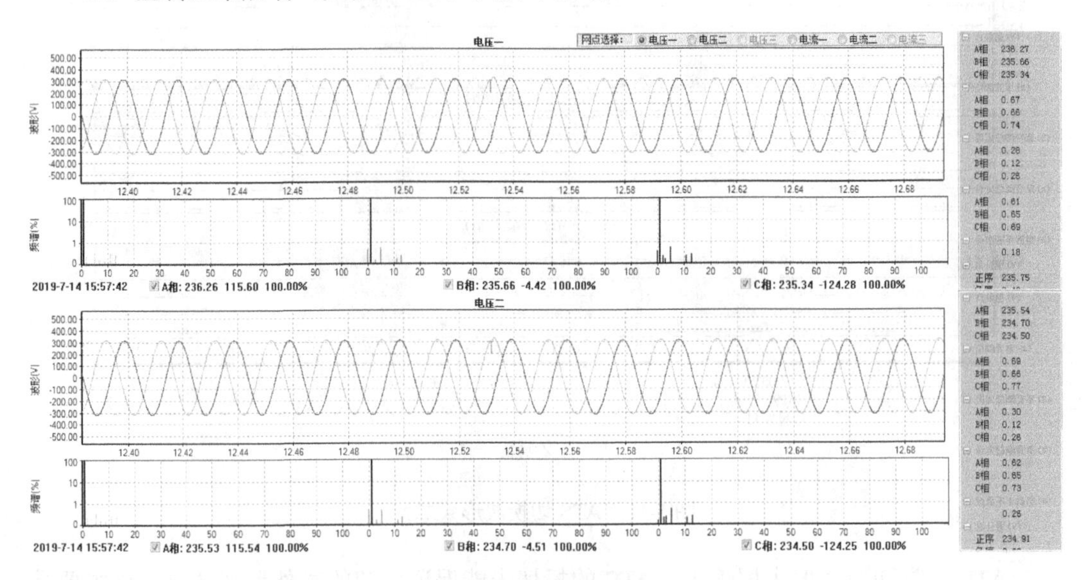

图 5-12　空调正常启动

（3）大屏和空调均启动，其中大屏负荷逐步增加，至最大负荷工况（大屏全白）（见图 5-13）。

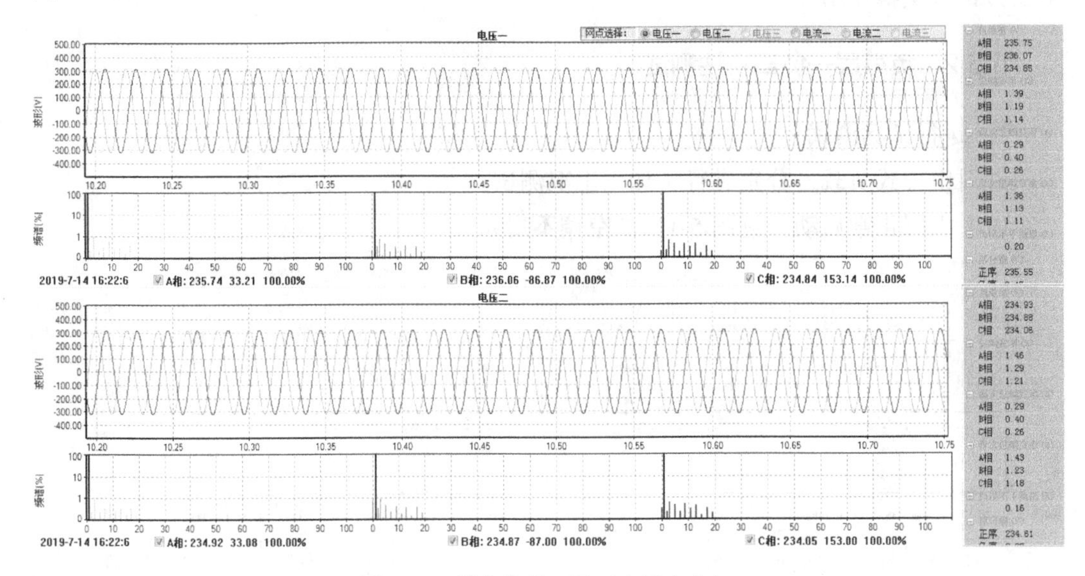

图 5-13　最大负荷工况（大屏全白）

测试结果：三类工况下，SSTS、ATS 均未动作；其中总负载启动时的最大负荷工况测试结果如图 5-13 所示。

2. 谐波特性分析

由于负载具备 LED 屏的非线性特性，因此同步测试了其谐波特性。根据测试结果，谐波影响最大（大屏全白）。

在谐波电压含有率（%）方面，3、5、7、9、11 次谐波电压分别为 0.85%、0.64%、0.63%、0.52%、0.77%，THD 值为 1.43%，符合国标限制。

在谐波电流含有量（A）方面，基波电流为 169A，3、5、7、9、11 次谐波电流含量分别为 19.23A、10.85A、6.96A、5.26A、7.96A，THD 值为 14.82%，谐波含量较大。

5.6 供电方案校核

5.6.1 末端层校核

由结合本案例重要负荷等级，LED 末端以 SSTS 为核心的“SSTS＋ATS”串接设计方案可基本满足负载的高可靠供电保障功能，因此保留该种接线方式。

值得注意的是，如果重要负荷级别更高，可校核为“SSTS＋ATS＋UPS”的特种供电接线方式，以进一步保障重要负荷供电质量。

5.6.2 负荷层校核

根据上述测试结果，为降低谐波因素向电网扩散，进而导致上级供电装备误动，在大屏上级电源配电出线处加装有源滤波器，以进一步提升负荷层接入质量。

最终保障效果表明，通过对保电前的 UMIC 平台供用电匹配特性进行测试，并采用技术手段进一步校核末端装备层、负荷层的接入质量，从而可在保障期间有效规避电网侧的电压暂降、中断等电能质量问题对重要负荷的影响，为活动的优质对外呈现效果提供了坚强有力的技术保障。

5.6.3 大负荷测试及设备传动

根据负荷接入进度及使用情况，在运行保障前，由电力团队协调客户完成所有用电接入点的大负荷测试，准确掌握客户实际用电负荷情况及负荷特性。对于所有安装有投切设备、UPS 装置的客户，开展设备传动试验，确保相关用电设备功能正常。

参 考 文 献

[1] Intelligent High Speed Automatic Transfer Switch，US20120299381［P］. 2012.

[2] Boteza A，Tirnovan R，Boiciuc I，et al. Automatic transfer switch using IEC 61850 protocol in smart grids［C］International Conference & Exposition on Electrical & Power Engineering. IEEE，2014.

[3] 马兵. 智能静态切换开关控制器相关关键技术研究［D］. 南京：东南大学，2016.

[4] 刘正海. 静态开关切换控制器的设计与研发［D］. 镇江：江苏科技大学，2013.

[5] Mollik M S，Hannan M A，Ker P J，et al. Review on Solid-State Transfer Switch Configurations and Control Methods：Applications，Operations，Issues，and Future Directions［J］. IEEE Access，2020，8（2020）：182490-182505.

[6] Tsai M J，Shen Y Y，Zhou J，et al. A Forced Commutation Method of the Solid-State Transfer Switch in the Uninterrupted Power Supply Applications［J］. IEEE Transactions on Industry Applications，2019，PP（99）：1-1.

[7] Qian Y，Zhang Y，Chen M，et al. Application of Solid State Transfer Switch in emergency power supply vehicles. IEEE，2014.

[8] Qian Y，Zhang Y，Chen M，et al. Design and application of test system for Solid State Transfer Switch. IEEE，2014.

[9] Mokhtari H，Iravani M R. Effect of Source Phase Difference on Static Transfer Switch Performance［J］. IEEE Transactions on Power Delivery，2007，22：1125-1131.

[10] Mokhtari H，Iravani M R. Impact of difference of feeder impedances on the performance of a static transfer switch［J］. IEEE Transactions on Power Delivery，2004，19（2）：679-685.

[11] Cheng P T，Chen Y H. An In-rush Current Suppression Technique for the Solid-State Transfer Switch System［J］. IEEJ Transactions on Industry Applications，2007.

[12] Cheng P T，Chen Y H. Design of an Impulse Commutation Bridge for the Solid-State Transfer Switch［J］. IEEE，2006，2：1024-1031.

[13] Commerton J，Zahzah M，Khersonsky Y. Solid state transfer switches and current interruptors for mission critical shipboard power systems［C］Electric Ship Technologies Symposium. IEEE，2005.

[14] Mahmood T，Choudhry M A. Application of Static Transfer Switch for Feeder Reconfiguration to Improve Voltage at Critical Locations［C］Transmission&Distribution Conference & Exposition：Latin America. IEEE，2007.

[15] Mahmood T，Choudhry M A. Reconfiguration of feeders using static transfer switch［C］International Conference on Emerging Technologies. IEEE，2006.

[16] Bertuzzi，Cinti，Ce venini，et al. Static transfer switch （STS）：Application solutions. Correct use

of the STS in systems providing maximum power reliability [C] International Telecommunications Energy Conference. IEEE，2007.

[17] Popoola O，Jimoh A，Nicolae D. On-line remote and automatic switching of consumers' connection for optimal performance of a distribution feeder [C] Africon. IEEE，2007.

[18] Mahmood T，Choudhry M A. Application of State Estimation Technique for Impedance matching to optimize Static Transfer Switch operation [C] International Conference on Emerging Technologies. IEEE，2007.

[19] Shen G，Xu D，Xi D. Novel seamless transfer strategies for fuel cell inverters from grid-tied mode to off-grid mode [C] IEEE Applied Power Electronics Conference & Exposition. IEEE，2005.

[20] 张媛一. 大容量高可靠快速固态切换开关 [D]. 天津：河北工业大学，2015.

[21] 卜凡鹏. 固态切换开关（SSTS）的研究 [D]. 北京：北京交通大学，2011.

[22] 孟飞. 固态切换开关的研究及控制保护系统的设计 [D]. 北京：北京交通大学，2012.

[23] 崔学深，张自力，王泽忠，等. 基于固态切换开关的感应电机类负荷电源快速切换新策略及参数计算 [J]. 电工技术学报，2016，31（18）：21-28.

[24] 李金元，赵国亮，赵波，等. 固态切换开关强迫切换策略研究 [J]. 大功率变流技术，2011（4）：49-52.

[25] 刘志良. 固态切换开关 SSTS 在化工企业供配电系统中的应用 [J]. 电力科学与工程，2011，27（4）：68-71.

[26] 王松岑. 固态切换开关的研究 [D]. 北京：中国电力科学研究院，2004.